뇌과학으로
사회성 기르기

뇌과학으로
사회성 기르기

박솔 지음

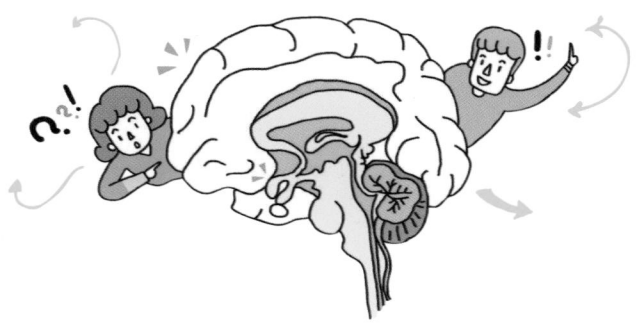

복잡한 세상 속
너와 나를 이해하는
유쾌한 브레인 사이언스

궁리
KungRee

추천의 글

/

정재승 (KAIST 바이오및뇌공학과 교수)

청소년들에게 학교가 가르쳐야 할 단 하나의 학문이 있다면, 단언컨대 그것은 '인간에 대한 이해'다. 나는 도대체 누구이며, 평생 함께 살아가야 할 타인은 어떤 존재인지를 일러주지 않고, 어떻게 그들을 이 험한 세상으로 내보낸단 말인가! 저자 박솔은 동물의 사회성을 연구한 연구자에서 이제는 그것을 세상과 소통하는 작가로 훌륭히 성장했다. 더없이 사랑스럽고 친절한 이 책에서 그는 인간의 뇌가 어떻게 타인과 함께 살아갈 수 있도록 지난 수만 년 동안 서서히 변화돼왔는지 설명한다. 타인에게 다가가기 위해 이 책을 집어든 독자들은 마지막 책장을 덮으면서 나를 발견하는 흥미로운 경험을 하게 될 것이다.

저는 동물의 행동과 마음, 그걸 조종하는 뇌에 대해 공부했습니다. 사람들은 '마음'이라는 얘기를 들으면 곧장 '별자리', '혈액형' 같은 것으로 대변되는 '마음을 읽는 능력'을 떠올리곤 합니다. 이게 무조건 틀렸다고 말할 순 없습니다. 그렇지만, 마음이라는 건 그보다 훨씬 복잡하고 다루기 어려운 존재입니다.

동물, 특히 사람의 행동과 마음은 아주 오래전부터, 다양한 분야에서 다뤄졌습니다. 심리학, 생태학, 경제학, 공학과 예술분야에 이르기까지 사람의 마음을 궁금해하지 않은 분야는 없습니다. 인간은 원래 자기 자신에 대해 알고 싶어하는 동물이기 때문일 겁니다. 이렇게 소중하고 어려운 사람의 마음은 어떤 분야에서 어떤 관점으로 보느냐에 따라 그 모습을 획획- 바꾸곤 합니다.

이 책에서는 그중, '사회성'에 대해 좀 더 자세히 얘기해보려 합니다.

'사회성'이라는 말을 들으면 머릿속에 뭐가 떠오르시나요? 친구가 많은 것? 처음 보는 사람들과 잘 어울리는 것? 모두 맞습니다.

사람은 날 때부터 죽을 때까지 누군가와 함께 살아가는 존재입니다. 우리는 뱃속의 아기일 때부터 엄마, 아빠의 사랑과 관심을 받고, 소통합니다. 세상에 태어난 뒤에는 할머니, 할아버지, 또 형제들과 눈을 마주치게 됩니다. 엄마, 아빠와 나로 이뤄진 세계에서 좀 더 큰 세상으로 나아가는 것이죠. 좀 더 자라 학교에 다니게 되면 또 새로운 세상을 경험하게 됩니다. 어디서 태어났고, 어떤 가족을 가졌는지 그야말로 '1도 모르는' 사람들과 하루의 대부분을 함께하게 됩니다. 새로운 친구를 사귀고 그들과 놀이도, 싸움도, 협동도, 경쟁도 하면서 우리는 '사회에 적응하는 법'을 익힙니다.

학교를 졸업하고도 우리는 끊임없이 새로운 사람, 새로운 환경을 만나고 새로운 역할을 부여받게 됩니다. 이처럼 인간은 평생을 '사회' 속에서 다른 사람과 상호작용하며 살아갑니다. 홀로 살 수 없는 존재이지요. 동물 중에는 태어날 때부터 혼자 살아가는 녀석들도 있습니다만, 사람은 이미 오래 전부터 다른 사람과 함께 사회를 이루어 사는 것을 선택했습니다.

'사회성'은 이렇게 사회 속에서 다른 사람과 상호작용하는 과정에서 나타나는 행동과 감정을 모두 가리킵니다. 이 책에서는 일상에서 흔히 마주치는 상황 속에서 우리가 하는 생각, 행동에서 '사회성'이 어떻게 드러나고 있는지를 보여줍니다.

누구나 겪어 봤음직한 일상적인 에피소드에서 드러나는 '사회성'을 찾아봤습니다. 그리고 언젠가 "뇌를 공부하고 있다"는 제게 마음을 읽을 수 있는지 질문했던 미용사선생님에게 하고 싶었던(그러나 한 번도 제대로 못했던) 대답도 담았습니다(웃음). 바로 '사회성'이 나타날 때, 뇌에서 어떤 일이 벌어지는지, 사회성을 만드는 뇌의 역할은 무엇인지에 대한 이야기입니다.

남동생이 하나 있는 대학생 호준이와 오랜 친구인 재민, 지영이를 중심으로 펼쳐지는 에피소드에는 왜 우리가 '사회'를 이루고 사는 것일지, 또한 가장 기본적인 '사회' 단위라고 볼 수 있는 가족은 어떤 존재인지에 대한 이야기부터, 협동이나 경쟁과 같은, 다른 사람과 함께 상호작용하는 다양한 방식, 그리고 그 과정에서 느끼게 되는 다양한 감정에 대한 이야기가 담겨 있습니다.

이야기의 주인공 호준이와 재민이, 지영이는 독자 여러분의 가족, 친구들, 한 동네에 사는 가까운 이웃입니다. 사실, 어쩌면 여러분 자신의 이야기인지도 모르겠습니다. 독자 여러분이 호준이, 재민이, 지영이가 되어 그들의 행동과 감정을 이해하며 이야기를 읽으면, 어느새 사회성에 대해, 그리고 우리를 '사회적 동물'로 만드는 뇌의 역할에 대해 이해하게 될 것입니다.

그러고 나면, 이야기를 참 잘 들어주는 친구의 능력은 어디서 오는 걸까, 화를 버럭버럭 잘 내는 친구는 정말 나를 싫어해서 그러는 걸까, 또 맨날 나만 졸졸 따라다니며 귀찮게 하는 동생의 의도는 뭘까, 내가 그 애를 정말 좋아하는 걸까, 이런 질문에 대한 답을 찾을 수 있을지도 모릅니다.

　그리고 조금 욕심을 부려서, 이 책이 '사회성'을 이해하는 데서 나아가 '사회성이 왜 중요한가'에 대해 생각해볼 수 있는 계기가 되었으면 좋겠습니다. 여기 담긴 이야기가 나만 잘 사는 방법이 아니라, 조금 부족한 나이지만 너와 함께이기에 더 잘 살 수 있다는 것, 너와 함께일 때에 비로소 내가 잘 살 수 있다는 것을 다시 기억하게 하는 데 조금이라도 도움이 되었으면 합니다. 인간을 인간답게 만드는 것은 어떤 모습인지, '사회성이 뛰어나다'고 하는 기준은 무엇일지 이 책을 통해 한 분의 독자라도 생각해보시게 된다면 저는 더할 나위 없이 행복할 것입니다.

2017년 11월

박 솔

차례

0장

함께 사는 우리
사회적 동물

멍 때리기도 같이해야 제 맛

나른한 일요일 오후. 재민이는 친구 호준이네 집 침대 위에 누워 책을 보고 있다. 침대 옆 바닥에서는 호준이의 동생 호섭이가 모형 자동차를 조립하는 데 한창 열을 올리고 있다. 호준이는 의자에 앉아 멍한 표정으로 둘을 바라보고 있다.

호준 | 아, 나른하다. 이렇게 아무 생각 안 하고 멍하니 있어본 게 언젠지 모르겠네.

재민 | 그치. 근데 멍 때리는 것도 아무도 없는 방에 혼자 앉아서 하면 잘 안 된다? 이렇게 두 명, 세 명 사람이 모여 있어야 뭘 해도 하는 맛

이 나.

호섭 | 큭큭, 형 외로워? 나는 뭘 하더라도 혼자 하는 게 더 좋은데.

재민 | 응. 형은 좀 외롭다. 그래서 일요일인데도 어디 안 가고 여기 온 거 아니겠니. 호섭이랑 같이 있으려고~

재민이는 침대에서 굴러 떨어져 와락 호섭이를 끌어안는다. 호섭이는 꽥꽥 소리를 지른다.

호준 | 어우, 시끄러~ 누가 보면 너희 둘이 형제인 줄 알겠다. 하하.

재민 | 그래? 형제나 다름없지 뭐, 큭큭. 근데 그거 알아? 하나보다는 둘, 둘보다는 셋이 낫다는 거. 너도 일루와~

재민이가 호준이에게 팔을 뻗는다. 호준이는 질색하며 재민이를 발로 밀어낸다. 작은 방에서 세 사람이 낄낄거리며 한바탕 소란이 인다. 호섭이는 모형 자동차 조각을 그러모으느라 법석이다.

재민 | 캬, 이런 게 바로 요 책에서 말하고 있는 '사회성의 발달 과정' 인가?

진짜 사회성, 가짜 사회성?

호준 | 응? 그게 무슨 말이야?

재민 | 사회성이라는 말은 전에 들어본 적 있지? 지금 읽고 있는 책에 인간, 그리고 다른 동물에게서 사회성이 어떻게 발달했는지 설명되어 있는데 되게 재미있어. 지금 읽고 있는 부분에서는 사람이 어떻게 무리 지어 살게 됐는지에 대해 얘기하고 있어. 흔히 인간은 사회적 동물이라고들 얘기하잖아? 그런데 그 이유에 대해 설명하는 건 많이 못 들어본 것 같지 않아? 왜 인간은 사회적 동물이라고 불리게 된 것일지, 또 사회적 동물이라는 별명은 사람에게만 특별히 쓰일 수 있는 말인 것일지, 같은 얘기가 여기 나와.

호섭 | 아, 진짜? 형, 나 사회적 동물이라는 표현, 예전에 다른 책에서 본 적 있어. 근데 그 책에서는 개미나 벌을 보고 사회적 동물이라고 했어. 그때는 별 생각 없이 읽었는데, 지금 형 말 들으니 헷갈린다. 개미나 벌은 곤충이고 사람은 동물인데 둘 다 사회적 동물이라고……? 개

미나 벌하고 사람 사이에 공통점이 뭐가 있지? 사회적 동물이 정확히 어떤 의미야?

재민 │ 후훗, 형이 알기 쉽게 설명해주지. 일단 둘 이상의 개체가 서로 상호 작용하면서 함께 살아간다면 그 동물은 사회를 이루고 있다고 볼 수 있겠지? 이렇게 사회를 이루어서 살아가는 녀석들은 모두 사회적 동물이라고 부를 수 있어.

• 사회적 동물, 사회적 행동 •

여러 마리의 개체가 집단을 이루고 그 안에서 서로 상호 작용하며 함께 살아가는 형태를 일컬어 '사회'라고 한다. 인간은 매우 복잡하고 거대한 사회를 이루고 살아가는 대표적인 '사회적 동물'이다.

인간 사회만큼 복잡하거나 거대하진 않지만 다른 동물도 사회를 이루고 산다. 침팬지나 오랑우탄 같은 유인원부터 개미나 벌 같은 곤충까지 사회를 이루고 살아가는 동물은 생각보다 다양하다.

반대로 사회를 이루지 않고 단독생활을 하는 동물도 있다. 대표적인 예가 바로 치타다. 치타는 먹이 사냥은 물론, 보금자리 마련도 혼자 하고 홀로 살아간다. 성체가 되어

무리를 지어 함께 사는 오랑우탄은 사회적 동물이다. 반면 치타는 무리를 짓지 않고 혼자서 살아간다.

독립한 후에는 다른 개체와 상호 작용하는 일이 거의 없다.

　　사회적 동물은 생활방식이나 행동양식에서 단독생활을 하는 동물과 많은 차이를 나타낸다. 특히, 사회적 동물에게서는 협동, 경쟁과 같이 사회 구조 속에서 개체가 서로 상호 작용하며 나타나는 행동이 관찰되는데, 이러한 행동을 가리켜 '사회적 행동'이라고 한다. 그리고 사회적 행동을 포함해서 사회적 동물이 사회 구조를 유지시키고 그 안에 소속되어 있으려고 하는 특성을 '사회성'이라고 할 수 있다.

　　재민 ㅣ 그런데 동물에게서 관찰되는 사회성은 그 정도에 따라 몇 단계로 나눠볼 수가 있다고 해. 개미와 벌 얘기 마침 잘 꺼냈어. 네가 전에 책에서 본 것처럼 개미하고 벌은 대표적인 사회적 동물이 맞아. 가장 높은 수준의 사회성을 '진사회성'이라고 하는데, 벌이랑 개미는 진사회성을 보이는 대표적인 동물이고.

　　호준 ㅣ 사회적 동물이라고 하면 동물이라는 표현 때문에 그런가, 왠지 포유류나 조류 얘기가 나올 것 같았는데, 사회성이 가장 높은 종이 곤충이라고 하니 좀 신기하다. 그런데 진사회성이라는 단어는 혹시 한자에서 참 진(眞) 자를 쓰는 거야?

　　재민 ㅣ 맞을걸? 영어로는 유소셜리티(eusociality)라고 하는데, 유(eu-)라는 접두사가 리얼, 진짜라는 뜻을 가지니까.

　　호준 ㅣ 으잉? 그럼 나머지는 가짜 사회성이라는 거야……? 좀 이상한데?

　　재민 ㅣ 이야…… 창의력 대마왕 같으니라고. 그렇게 생각할 수도 있네. 좀 전에 말한 것처럼, 사회성은 정도에 따라 몇 단계로 나뉜다고 해. 사회성을 나타내는 행동은 여러 가지가 있는데, 그 모든 행동을 다 보이는 경우가 진사회성인 거야. 그 외의 사회성의 경우 진사회성에서 나타내는 행동 중 몇 가지는 보이지 않는 거고. 가짜라기보다는, 완벽하지 않다고 해야 하나?

호준 | 오, 그렇구나. 사회성을 나타내는 행동에는 뭐가 있는데?

재민 | 중요한 질문이다. 그런데 깔끔하게 답은 못하겠는 게, 사회성이라고 부를 수 있는 행동이 진짜 셀 수 없이 많거든. 그래서 '진사회성'이라는 표현부터 학자들 사이에서 논란이 되어왔다고 해. 에드워드 윌슨이라는 학자는 진사회성을 정의할 때, 크게 세 가지 조건을 만족해야 한다고 제시했어. 첫째는 하나의 집단을 이룬 사회 구성원들이 내 자식이 아닌 어린 개체를 함께 힘을 모아 양육하느냐. 둘째는 여러 세대가 겹쳐져서 함께 사느냐야. 마지막 세 번째는 자신을 완전히 희생하는 건데, 음…… 마지막 조건은 어떻게 설명하면 좋을까? 생물은 번식을 통해서 자기 유전자를 남기는 게 목적이라고 얘기하기도 하잖아? 그런데 자신의 유전자는 퍼뜨리지 못하더라도 자기가 속한 무리의 생존을 위해 노동이나 다른 역할을 분담해서 무리 전체와 거기 속한 다른 개체를 돕는 행동을 말하는 거야. 이 조건에 맞는지 따져 보면 사람이 진사회성인지 확인해볼 수 있겠지? 어때? 이 세 가지에 다 부합하는 것 같아?

호섭 | 개미나 벌은 셋 다 맞아. 자기가 낳은 알이 아닌데도 함께 힘을 모아서 먹여 기르고, 한 집에 여러 세대가 함께 모여 살고. 세 번째 조건도 일개미랑 일벌을 생각해보면, 자기는 생식 능력을 포기하고 여왕

개미, 여왕벌이 낳은 애벌레를 돌보는 분업화된 노동을 하니까 맞아. 그런데 사람은…… 형이 "어때"라고 물어본 걸 보면 아닌가 본데? 이유는 모르겠어.

사람은 '진사회적(eusocial)' 동물일까?

호준 │ 세 가지 조건 모두 사람은 완전 해당하지 않는 거 같은데? 첫 번째 조건인 내 자식이 아닌 아이를 함께 기르느냐, 이거 생각해볼 것도 없이 아니지. 두 번째 조건도 보면, 우리나라야 예전에는 여러 세대가 같이 살았지만, 다른 나라는 안 그랬을 수도 있잖아. 더군다나 요즘은 여러 세대가 모여 사는 집이 거의 없으니까 아니라고 생각되는데? 나 세 번째 조건은 이해를 잘 못했다.

재민 │ 현대사회의 사람들을 보면 그렇긴 하지. 하지만 지금 말하는 건 인류 전체야. 지금 현대를 살고 있는 인간 말고 사람이라는 종에 대해 전반적으로 생각해보면 좀 다르게 보일걸.

첫 번째 조건을 먼저 볼까? 비교적 전통적인 삶의 방식을 간직하고 있는 민족들의 삶을 보면 여러 가족이 함께 아이들을 돌보는 형태는 꽤 많이 관찰돼. 그리고 사람은 자신이 낳지 않은 아이를 입양해 기르기도 하고, 사회적 차원에서 아이들을 후원해 돌보는 일도 하잖아. 그러면 맞다고 할 수 있지 않아? 다음 두 번째 조건. 여러 세대가 한 부락을 형성해서 같이 사는 건 오히려 인간의 대표적 특징이야. 현대사회에서 핵가족이 많아졌다고는 하지만, 그 사람들이 외진 곳에서 따로 사는 게 아니라 자신의 부모, 자식 세대와 끊임없이 교류하잖아. 이렇게 이해하니까 맞지?

호섭┃ 잉, 호준이형 말이 맞는 것 같았는데, 재민이 형 말을 들으니 그게 또 맞네. 사람이 진사회성이 맞는 거야 아닌 거야?

재민┃ 응. 세 번째 조건을 아직 얘기 안 했지? 사실 여기에 대해선 논란이 좀 있어. 리처드 도킨스라는 이름 들어봤어? 이 사람 되게 유명한 과학자잖아? 도킨스는 윌슨의 의견에 찬성하지 않는 대표적인 과학자야. 도킨스의 설명을 들어보면, 세 번째 조건 때문에 사람에게 '진사회성'이라는 표현을 쓰면 안 돼. 사람도 벌이나 개미처럼 분업해서 노동을 하긴 해. 그런데 벌이나 개미가 힘을 모아 같이 일하고 먹이를 구해오는 게 하나의 생식목표, 즉 여왕벌, 여왕개미가 알을 낳고 그 알이 잘 자라나게 만들겠다는 하나의 목표를 가지는 것과 다르게 사람은 하나의 생식목표를 추구하고 있지는 않지. 힘을 모아 같이 일하고 여럿이 무리 지어 사냥을 통해 먹을거리를 같이 마련하기도 하지만, 이게 자신을 완전히 희생하는 것이냐고 묻는다면, 도킨스는 아니라고 답한다는 거지.

윌슨은 개체 하나하나에 대해서가 아니라 함께 모여 사는 무리를 마치 하나의 새로운 거대 개체처럼 보고 생식과 생존을 설명하고 있어. 개체 하나하나가 자신의 생식 기회를 '희생'하고, 자기가 속한 '무리'를 위해 살아간다는 말의 의미가 그런 거야. 그런데 사람이 그렇지는 않잖아? 그래서 이 설명이 비판을 많이 받고 있다고 해. 리처드 도킨스를 비롯해서 꽤 많은 과학자가 진사회성이라는 개념을 아예 곤충과 같은,

사람이 아닌 동물에 대해서만 사용하는 게 좋겠다고 주장하고 있어.

호준 | 오, 그렇구나. 하긴 개미나 벌이 사회를 형성했다고 해도 사람 세상의 규모와 복잡성에는 비교할 바도 안 되는데. 사람에 대해서 이렇다저렇다 규정하기에는 어려운 점이 좀 많을 것 같긴 하다.

· 진사회성 논란과 그룹 선택설 ·

사람이 진사회적 동물이냐 아니냐에 대한 논란은 자연 선택설과도 관련이 있다. 다윈의 자연 선택설은 개체가 가진 형질 중 환경에 적응하기에 더 적합한 것이 자손에게 전해지고 그 형질을 물려받은 개체가 다른 개체보다 오래 살아남게 된다고 말한다. 환경에서 살아남는 데 더 유리한 형질이 자연적으로 선택되며 더 많은 자손에게 퍼져나간다는 것이다.

개별 개체의 생존은 자기가 가진 특징에 의해 결정된다는 자연 선택설과 달리 그룹 선택설은 그룹 내 개별 개체의 생존이 자기가 가진 특징과 상관없이 속해 있는 그룹 전체의 특징에 의해 결정된다고 주장한다. 예를 들어 어두운 색 나무가 많은 지역에 사는 나방 무리가 있다고 해보자. 이 무리에 속한 나방의 대부분은 날개의 색이 어둡지만, 몇몇 나방은 날개의 색이 밝다. 밝은 날개를 가진 나방은 눈에 잘 띄어 포식자에게 먹히기 쉬울 것 같지만, 전체적인 무리의 색이 어둡기 때문에 오히려 그들에게 가려져 포식자의 눈에 덜 띌 수 있다. 반대로 밝은 날개를 가진 나방이 대부분인 무리에 소수의 어두운 색 날개를 가진 나방이 속해 있다고 하자. 이들은 날개의 색이 주변 나무의 색과 비슷하게 어두워 눈에 잘 띄지 않는다. 하지만 함께 있는 다른 나방 대부분이 눈에 잘 띄는 밝은 색이기 때문에 덩달아 포식자의 위협을 더 많이 받을 수도 있다. 그룹 선택설은 이처럼 개인이 생존에 불리한 형질을 가졌다 하더라도 내가 속한 그룹의 특성에 따라 생존의 가능성이 높아지거나, 개인이 생존에 유리한 형질을 가졌어도 속한 그룹의 특성에 의해 생존 가능성이 낮아질 수 있다고 주장한다. 즉 자연 선택이 개체 하나하나가 아닌 그룹 단위로 이뤄지는 셈이다. 개체 하나하나가 아닌 그룹 전체가 하나의 운명을 따르는 모양새 때문에 그룹 선택설에서는 하나의 집단을 개별 개체가 모여 이룬 새로운 초유기체(superorganism)로 보기도 한다.

흰개미 집. 개미나 벌의 경우 하나의 공동체를 이루는 여러 마리의 개체가 마치 하나의 거대한 개체가 된 것처럼 행동한다는 면에서 '초유기체'라고 불리기도 한다.

벌이나 개미 집단의 경우 여왕벌, 여왕개미라는 지도자가 있다. 일벌, 일개미는 지도자를 따르는 개체이며, 생식 능력이 없어 자신의 자손을 기를 수 있는 기회조차 없다. 하지만 사람의 경우 모두가 나의 자손을 기를 수 있으며 특정 지도자를 따라야 할 의무가 없다. 삶의 목적이 개인의 생존인 인간이 집단의 이익을 위해 희생을 감수한다는 것은 이해하기 어려운 대목이다.

그룹 선택설을 굳이 끌어들이지 않더라도 이타적 행동, 즉 희생은 개별 개체의 입장에서 봤을 때 자신의 유전자를 보존하고 오래 생존하는 데 불리한 선택이다. 그 점에서 과연 진사회성이라고 부르는 특성이 진화적으로 더 발달한 것인가에 대한 논란도 끊이지 않고 있다.

'사회적 동물'의 등장

재민 | 맞아. 진사회성인지는 그만 따지더라도 여전히 사람이 '사회적 동물'인 건 확실하지. 내가 지금 읽고 있는 부분 좀 더 얘기해줄까?

호준 | 어. 재밌다. 처음 말한 혼자 사는 것과 여럿이 무리 지어 사는 것에 대한 얘기야?

재민 | 응. 사회적 동물에서 '사회'를 이룬다는 건 여러 개체가 함께 모여 산다는 거잖아? 여러 개체가 모여 사는 형태가 처음부터 있었던 걸까? 아니라면 무엇 때문에 모여 살고 사회를 이루게 됐을까?

주위 환경이 변화하면 거기 사는 생물들의 행동도 많이 달라지게 되잖아? 사회가 만들어진 것도 주위 환경의 변화에 따라 일어난 개별 개체들의 행동 변화가 조합된 결과라고 해. 그 주위 환경 변화 중 사회가 형성되는 데 가장 중요한 영향을 미친 것은 아마도 사냥 환경이었을 거라고 하고. 지금 살아 있는 유인원의 조상 격인 존재는 야행성이었대. 야행성에서 주행성으로 행동 방식이 바뀌던 시기에 여럿이 모여 사는 사회 구조가 점점 발달했을 거라고 본대. 밤보다 낮의 경우 혼자 숨어 돌아다니는 게 더 어렵잖아? 그래서 사냥을 할 때 여럿이 뭉쳐서 다니는 게 더 안전하기도 하고, 유리했을 거라는 이유지.

· 공동생활의 시작 ·

무리를 짓고 사회를 이루어 생활하는 동물들이 처음부터 모여 살았던 건 아니다. 이는 인간도 마찬가지인데, 혼자 생활하는 것에서 공동생활로 사회 구조가 변화하는 데는 주위 환경의 영향, 특히 야행성인지 주행성인지 여부가 미친 영향이 크다. 그리고 한 무리를 구성하는 개체의 성별이 편향되어 있느냐, 혹은 양성이 골고루 있느냐도 사회 구조를 결정하는 데 영향을 미쳤다고 여겨지고 있다.

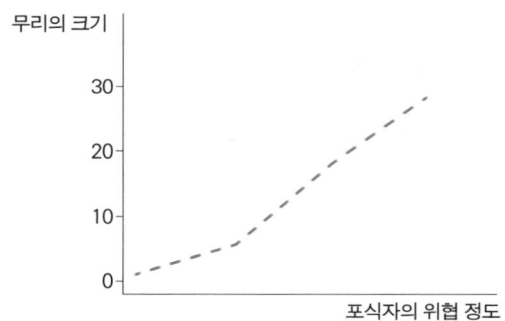

포식자의 위협이 증가할수록, 무리의 크기가 커진다. 즉 포식자 등에 의한 외부 위협이 증가할수록 여러 마리가 함께 모여서 다니는 경우가 증가한다는 뜻이다(Daniel J. van der Post et al., 2015).

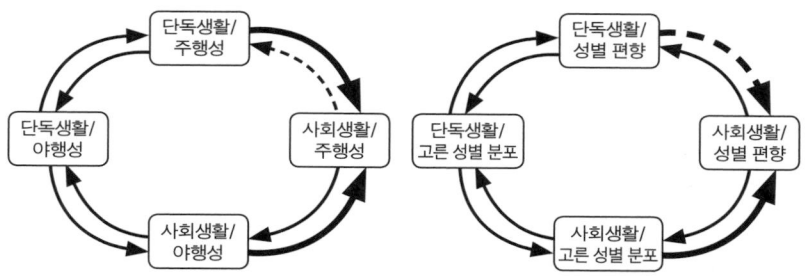

공동체 생활이 발달하는 과정에 대한 확률적 계산

화살표가 굵을수록 일어날 확률이 높은 과정이다(Susanne Shultz et al., 2011).

먼저, 야행성에서 주행성으로 전환하는 것이 먹이를 구하는 데 있어 더 유리하게 환경이 바뀐 경우에 대해 살펴보자. 낮에는 밤보다 먹잇감이나 혹시 모를 포식자로부터 몸을 숨기기가 어렵다. 때문에 애써 혼자 몸을 숨기며 사냥을 하기보다 아예 몸을 드러내고 여럿이 사냥하는 게 먹을 것을 구하는 데도, 위험을 피하는 데도 더 유리하다. 결과적으로 사냥에의 편리성이 공동생활을 하도록 만들었다는 것이다.

다음으로 성별의 편향 정도와 공동생활의 관계를 살펴보자. 무리 내에서 성별이 편향된 정도는 사실 사냥에의 편리성처럼 공동생활을 직접적으로 유발했다고 보기 어렵다. 하지만 재미있게도 진사회성 곤충인 개미나 벌에서 실제로 성별 편향과 함께 공동체의 형성이 진행되는 것을 볼 수 있다.

개미 사회는 처음에 개별 개체 여러 마리가 한 공간에 모여들어 하나의 엉성한 무리를 만들면서 시작된다. 이 무리는 아직 서로 결속력이 있는 공동체라고는 볼 수 없다. 안정적이고 서로 결속력을 가지는 상태의 집단이 되려면, 무리 내에서 성별의 편향이 필요하다. 생식 능력을 가진 단 한 마리의 여왕개미가 등장하는 순간 이 무리의 결속력은 빠르게 높아지고 일사불란한 움직임이 나타나기 시작한다. 하나의 '사회'로 재탄생하는 것이다. 이는 한 마리의 여왕벌과 여러 마리의 수벌을 제외하고는 모두 생식 능력이 없는 벌 사회에서도 마찬가지이다.

호준 | 그런 행동이나 사회 구조의 변화는 어떻게 알아냈대? 화석이나 고대 인류의 동굴 벽화 같은 흔적이 남아 있었나?

재민 | 사실, 행동은 화석이나 눈에 보이는 기록으로 남지 않아서 연구하기가 좀 어려워. 대신 계통학적으로 보존이 되는데, 같은 조상으로부터 발달해온 종의 경우 현재 살고 있는 생물에서 출발해서 그 조상의 조상의 조상까지 순서대로 따라 올라가보며 관찰 기록을 살피면 정보를 얻을 수 있대. 물론 엄청나게 오래된 고대 생물에 대해서는 얻을 수 있는 정보가 거의 없겠지만 현재 관찰할 수 있는 종도 꽤 수가 많고, 그 사이의 계통관계, 특히 그 순서가 잘 알려져 있어서 그 사이에서 비교하는 걸로도 충분한 정보를 얻을 수가 있지.

과학자들이 계통분류를 따라 217종이나 되는 유인원의 사회 구조를 살펴봤더니 사회 구조의 변화가 마구잡이로 일어나기보다 어떤 순서에 따라 일어나는 것 같더래. 새로운 종이 갈라져나간 시기마다 각각 어떤 형태의 사회 구조가 어느 정도의 확률로 등장할지를 살펴본 결과, 혼자 사는 형태에서 성별과 무관하게 여러 마리가 뭉쳐서 사는 형태로 먼저 변하기 시작했대. 그다음으로 한 마리 수컷에 여러 마리의 암컷이 모여 사는 형태나 사람처럼 짝을 지은 개체들끼리 모여 사는 그룹이 나타나게 됐고. 이렇게 순서대로 점점 복잡해진 거라고 하더라.

그리고 요즘은 사회성과 관련해서 행동만 살펴보는 게 아니라 뇌에 내재된 특징까지 살펴보고 있어.

호섭 | 우아! 사회적 동물이라는 게 원래부터 있었던 건 아니었구나,

뭔가 우쭐해지는데? 헤헤. 사회성이라는 개념에 대해서 추상적으로만 이해하고 있었는데 형 얘기 듣고 나니까 좀 더 구체적으로 와닿는 것 같아. 그리고 사회 구조나 행동으로 드러나는 것뿐 아니라 뇌에도 사회성이 내재되어 있다니 신기하다!

1장

내 가족을 알아보는 뇌
혈연 선택

동생이냐 우승컵이냐 그것이 문제로다

중고등학생 시절 내내 축구부 활동을 했던 호준이는 소문난 스트라이커다. 매년 예선에서 탈락하던 공과대 축구팀은 호준이가 입단한 지난 해 교내 축구 리그 준우승을 차지하기까지 했다. '부활한 숫돌이'로 불리는 호준이가 속한 공과대 축구팀은 올해 강력한 우승후보로까지 꼽히고 있다.

드디어 준결승이 열리는 날. 호준이가 등장하자 몸을 풀던 다른 선배들이 여간 반가워하는 게 아니다. 여기저기 인사를 하며 들어가는데 친구 재민이가 보이질 않는다. 중요한 경기인데 왜 아직까지 나오지 않은 건지 모르겠다.

호준　선배, 재민이는요? 화장실 갔나……?

선배　아니? 재민이는 여동생 데리러 간다던가? 오늘 못 와.

호준　네?! 여동생 때문에 준결승에 안 나온다고요?

선배　응. 벌써 얘기해뒀어. 재민이 대신 형탁이가 뛰기로 했다. 오늘 경기도 잘해보자!

호준　아, 네…….

　　호준이는 황당하다 못해 화가 나려고 한다. 예선전도 아니고 준결승전인데 여동생 때문에 경기를 빠진다고? 호준이는 도저히 이해할 수가 없다.

　　호준이의 절친한 친구 재민이에게는 여동생이 하나 있다. 동생을 어찌나 예뻐하는지 재민이가 아빠 같아 보일 때도 있다. 훈훈하고 보기 좋은 모습이긴 한데, 여동생 일이라면 상황을 막론하고 얼른 내빼버리는 것은 너무 얄밉다. 밉기보다 사실 이해가 안 간다. 친구들끼리 밥을 먹거나 과제를 하다가는 물론이고, 심지어 학과 행사나 중요한 축구 경기가 있는 날에도 동생 일이라면 무조건 사라진다. 별 거 아닌 일로 연락하는 동생이 귀찮아 핸드폰을 꺼놓기까지 하는 호준이와는 정반대다.

　　"형 언제 와?", "형 아이스크림 먹고 싶다", "형 오늘 저녁에 나 수학 문제 풀어주면 안 돼? 너무 어려워". 호준이는 별것도 아닌 일로 전화를 걸어선 끊지도 않고 수다를 떠는 동생 호섭이가 여간 귀찮은 게 아니다. 한 번은 축구를 하려는데 호섭이가 전화를 했다. 호섭인 걸 확인하고는 받지 않고 내버려두었는데, 경기가 끝나고 보니 부재 중 통화며 메시지가 스무 건 가까이 남겨져 있었다. 무슨 큰 일이 난 줄 알고 깜짝 놀라 전화를 걸었더니 호섭이 녀석은 자다 깬 목소리로 태연하게 말하는 것이었다. "그냥 형 언제 오나 물어보려고 전화했어." 그때 일을 생각하면 호준이는 아직도 신경질이 난다. 그런데, 다른 것도 아닌 우승컵보다도 여동생이 중요하다니! 호준이는 도대체 재민이를 이해할 수가 없다.

하나뿐인 내 동생

공과대 축구팀은 별 탈 없이 경기에 이겨 결승에 진출하게 됐다. 하지만 중요한 집안일도 아니고 매일 집에서 보는 여동생을 데리러 간다고 준결승에 불참한 재민이 생각에 호준이는 영 기분이 좋지 않다.

사실 이미 호준이는 재민이에게 동생에 대한 얘기를 한 적이 몇 번 있다. 동생이 얼마나 귀찮고 성가신데 너는 뭐가 좋다고 만사를 제치고 동생을 보러 가느냐고 말이다. 호준이가 도대체 이해할 수가 없다며 투덜댈 때마다 재민이는 그저 웃고 말 뿐이었다.

호준이가 동아리방에서 혼자 축구공을 끌어안고 생각에 잠겨 있는데 마침 재민이가 허허실실 웃으며 들어온다. 정말 아무렇지 않아 보인다. 그동안은 재민이 동생이 무지 착하고 말도 잘 듣나 보다, 하고 넘어갔는데, 이번엔 도무지 그냥 넘어갈 수가 없다.

호준 │ 너 마침 잘 왔다. 내가 너를 십 년 넘게 봐왔지만, 아직도 이해
가 안 간단 말이지. 동생은 집에서 매일 보지만 축구 경기는 딱 한 번
뿐이라고. 넌 우리 팀이 우승하는 게 별로 중요하지 않냐?

재민 │ 푸흡, 나 빠진 것 때문에 아직 화난 거야? 에이, 나 없이도 결승
진출 잘했잖아. 어쩌면 내가 빠져서 더 나았던 걸 수도 있다? 하하하!
역시 돌아온 슛돌이 이호준! 그리고 경기도 경기지만 동생이랑 한 약
속도 그때가 아니면 끝이잖냐. 헤헤.

호준 │ 동생사랑 한번 유별나. 네가 축구 경기 빠진 것보다 어떻게 동
생 일이면 그렇게 달려가는지 신기하고 궁금해서, 그 얘기를 좀 들어
봐야겠다. 난 내가 뭐 할 때, 특히 축구할 때 호섭이가 연락하잖아? 그
럼 짜증부터 울컥 난단 말이지. 근데 넌 어떻게 그렇게 동생 전화 오면

차던 공도 내버려두고 냉큼 가냐?

재민｜ 그런가, 내가 좀 유별난가? 난 솔직히 너처럼 생각하기가 더 어려운데. 친구도 아니고 친동생이잖아. 동생은 내 분신이나 마찬가지니까 난 무슨 일보다 동생이 우선일 때가 많아. 너도 생각해봐. 아버지, 어머니, 너, 그리고 네 동생은 피를 나눈 한 가족이잖아. 어디 가서도 찾을 수 없고 다른 무엇이랑도 바꿀 수 없는 존재라고. 그래서 난 동생이 날 필요로 하는 일이라면 언제든 무엇이든 달려가서 할 거야. 내 동생도 마찬가지일 테고.

호준｜ 아니 뭐, 그건 그렇지. 네 말대로 호섭이랑 나는 같은 아버지, 어머니에게서 태어난, 피를 나눈 형제지. 호섭이가 세상에 딱 하나뿐인 것도 맞고. 근데 나는 호섭이 녀석 하는 짓 보면 화가 막 나. 나도 아주 어릴 땐 그 녀석 얼마나 예뻐했다고. 내가 어릴 때 동생 낳아달라고 조르고 졸라서 호섭이가 태어났다는 거 아니냐. 근데 클수록 애가 진짜 밉상이 돼. 내가 이러는 것도 다 이유가 있다니까. 너도 직접 겪어보고 나면 이해할 거다. 네 동생은 되게 착하지? 네 말도 잘 들어주고. 너도 우리 집 자주 와서 많이 봤잖아. 호섭이 녀석 성질머리 엄청나. 난 가슴에 손을 얹고 절대 그러지 않거든? 난 걔가 진짜 나랑 피를 나눈 형제가 맞나 싶다니까? 잘해줄 마음이 있다가도 사라져.

내 동생은 말이야……

고개를 절레절레 흔드는 호준이를 앞에 두고 재민이의 표정이 사뭇

진지해진다.

재민 │ 휴, 호준아. 내가 오늘 너에게 한 가지 비밀을 알려주겠어. 대신 절대로 아무한테도 말하면 안 돼.

알고 보니 재민이의 여동생은 재민이 어머니가 낳은 아이가 아니라 입양한 아이라는 것이다.
호준이는 입을 떡 벌리며 말했다.

호준 │ 와, 이럴 수가.
재민 │ 야 그렇게 놀랄 거 없어. 뭐 피를 나눈 형제라는 말처럼 내 동생과 나는 피가 뒤섞인 가족은 아니지. 그렇지만 입양되었다고 다른 가족과 다를 건 없거든. 너 토끼를 돌보는 엄마 고양이, 엄마 잃은 새를 키우는 강아지 이런 거 텔레비전에서 본 적 있지? 사람으로 치면 입양한 거나 마찬가진데 왜 그렇게들 호들갑을 떠는지 생각해본 적 있어? 난 그거, 사람은 정말 피를 나누지 않더라도 서로를 챙기는데, 동물들은 그런 경우가 거의 없기 때문이라고 생각해. 사람이 아닌 다른 동물은 정말 자기랑 피를 나눈 가족이 아니면 보통 거들떠보지도 않으니까.
만화영화 〈라이온 킹〉 알지? 사자들은 보통 수사자 한 마리랑 암사자 여러 마리가 무리를 지어서 일부다처제 가족으로 살아. 그런데 어쩌다 무리의 수사자가 죽거나 나이가 들어서 젊고 건강한 다른 수사자가 이 무리를 차지하게 되잖아? 그러면 이 새 아빠가 예전 수사자의 자식들을 다 죽여버린다? 엄청나지 않냐? 자기 피가 흐르는 자기 자식 아니면 다 없애버리는 거야. 동물들의 세계가 이렇게 냉정하다. 근데 사람은 좀 다르지. 우리 가족이 정기적으로 입양가족 모임에 나가거든. 생각보다 수가 엄청 많아. 누군지도 모르는 사람이 낳은 아이를 입양해서 서로 사랑하며 사는 가족이 이렇게나 많다니 가족이라는 이름이 정말 위대한 거구나, 피부로 느끼게 돼. 진짜로 피를 나눈 가족은 아니지만, 우리는 마음으로 서로를 가족이라고 인정하고 사랑하면서 사는 거야. 피를 나눈 가족이랑 다를 게 없다고 여기고.

· 내 핏줄을 챙기는 동물 ·

아프리카 초원에서 맹수의 습격을 받은 영양은 무리 지어 달아난다. 그런데 이때, 달아나는 무리 속에서 한두 마리가 펄쩍펄쩍 높이 뛰어오르기 시작한다. 잘못하면 맹수의 눈에 더 잘 띄어 위험해질 수도 있는데, 왜 이런 행동을 하는 걸까?

놀랍게도 도망치는 영양이 펄쩍펄쩍 뛰어오르는 행동은 자신의 혈육이 아닌 새끼들을 직접 죽이는 사자의 행동과 그 이유가 같다. 바로 자신의 혈육을 지키고 유전자를 보존하려는 것이다.

처음 점프하는 영양의 행동을 관찰한 과학자들은 그 행동의 이유가 첫째, 너무 놀라고 두려워서 저도 모르게 펄쩍 뛰는 것이거나, 둘째, 무리를 쫓아오는 맹수의 위치를 확인하기 위해서일 거라고 추측했다. 만약 첫 번째 이유가 맞았다면, 영양은 굳이 사자가 쫓아오는 때뿐 아니라 다른 위험한 상황에서도 펄쩍 뛰어올라야 한다. 하지만 이런 경우는 확인되지 않았다.

과학자들은 펄쩍펄쩍 뛰어오르는 영양의 후손 중 살아남은 개체의 비율을 확인해봤다. 영양 무리에서 펄쩍펄쩍 뛰어오르는 개체의 유전자를 받은 개체와 그렇지 않은 개

포식자로부터 도망갈 때 껑충껑충 뛰는 영양

체의 생존율을 비교해봤더니 놀랍게도 유전자를 받은 개체의 생존율이 더 높은 것으로 확인됐다.

자기의 목숨을 부지하려는 것은 모든 동물이 가지고 있는 본능이다. 그런데 영양은 자신이 맹수에게 잡힐 위험을 무릅쓰고 후손을 지키기 위한 희생적인 행동을 하는 것이다. 과학자들은 이 행동을 통해 나 하나의 목숨을 잃더라도, 수많은 후손이 살아남음으로써 결과적으로 더 많은 양의 유전자를 남기게 된다고 해석한다.

영양이나 사자가 사람처럼 혈액, 유전자를 검사해보지도 않고 어떻게 자신의 혈육을 구분할 수 있는지에 대해서는 확실히 알려진 바가 없다. 모든 생물의 궁극적인 목적이 자신의 유전자를 후대까지 널리 퍼뜨리는 것이며, 이를 위해 혈육을 알아보는 능력이 본능적으로 내재되어 있을 것이라는 추측만 존재할 뿐이다. 유전자라는 눈에 보이지도 않는 물질이 거대한 생물을 조종하는 것만 같아, 이런 인식에 회의적인 시선을 보내는 사람들도 있지만 이를 대체할 만한 매력적이고 강력한 가설은 아직 없는 상태다.

재민 │ 야, 그리고 내 동생이 착하긴 개뿔. 걔도 진짜 말 안 들어. 싸울 때 호섭이보다 얘가 더 독할걸? 여자애들이 더 무서워~ 그래도 동생이니까, 내 가족이니까 돌아서면 마음이 풀리는 거지. 아마 호섭이도 네가 미울 때가 많이 있을걸? 너 이렇게는 한 번도 생각 안 해봤지? 걔도 밉지만 너를 찾는 거야. 네가 형이니까 자기도 모르게 널 믿고 사랑

하고, 그렇기 때문에 널 찾는 거라고. 너도 호섭이 밉다고 노래를 불러도 아이스크림 사 오라고 하면 결국 사 가고, 밉상같이 굴어도 앉혀놓고 숙제 도와주고 하지 않냐? 진짜 싫으면 그러겠어? 그게 다 네 피가 반응하는 거다. 호섭이가 아프면 저절로 너도 아플 거야. 말은 그렇게 해도 몸과 정신은 네 뜻대로 움직이지 않을걸. 솔직히 말해서 나랑 내 동생은 어쩌면 피가 섞인 남매가 아니기 때문에 더 신경 써서 서로를 아끼는 건지도 몰라.

· 혈연 유전자? ·

정말 유전자가 내 가족, 내 혈연을 인식할 수 있을까? 사실 이런 유전자가 존재한다는 명확한 증거는 아직 없다. 동물들의 행동을 통해 막연히 서로의 가족을 알아볼 수 있는 방법이 있을 거라고 추측할 뿐이다.

과학자들은 사람, 곤충, 여러 다른 동물들이 혈육을 어떻게 인식하는지에 대해 많은 연구를 해왔다. 아쉽게도 아직 뇌의 특정 부분이 나와 피를 나눈 개체를 직접 인식하여 반응한다는 결정적인 증거는 발견되지 않았다. 하지만 간접적으로 혈육을 인식하는 방식은 많이 알려져 있다.

동물들이 서로를 인식하는 가장 대표적인 방식으로 알려진 것은 물리적인 흔적, 즉 겉모습인 털이나 깃털의 색, 전체적인 모양이 비슷한가를 통해 자신과 얼마나 가까운지를 판단하는 것이다. 사람의 경우 가족들은 유전적 요인에 의해 비슷한 외모를 가지는데, 쌍둥이처럼 똑같은 경우가 아니라도 뇌가 유사한 외모를 인식할 수 있을지 모른다는 의견도 있다. 여기 재미있는 실험 결과가 있다. 피험자들에게는 그 사실을 알리지 않은 채로, 피험자 본인의 얼굴을 가공, 합성하여 이성의 사진으로 만들었다. 이 가공한 본인의 사진을 포함하여 이성의 사진을 다섯 장 제시하고, 가장 호감이 가는 사람을 골

펭귄 무리에는 수많은 새끼와 어미가 뒤섞여 있다. 이들은 그중 자신의 새끼, 자신의 어미를 어떻게 찾을까? 사람이 듣기에 똑같아 보이지만, 새들 각각이 내는 울음소리에는 미묘한 차이가 있다. 그리고 실제로 그들은 이 울음소리를 통해 자신의 자식과 부모를 구별해낸다.

라보라고 했다. 그랬더니, 시험에 응한 사람들이 모두 자신의 얼굴을 가공, 합성한 이성의 사진을 골랐다. 즉 사람의 뇌는 자신과 비슷하게 생긴 외모에 호감을 보인 것이다.

또 하나의 중요한 흔적은 각각의 개체들이 가지고 있는 독특한 체취다. 동물들이 영역 다툼을 할 때 서로의 꽁무니를 쫓아다니며 냄새를 맡고 탐색하는 모습을 많이 봤을 것이다. 각각의 개체는 몸에서 특수한 냄새가 난다. 같은 공간에서 사는 개체, 특히 어미와 새끼는 체취가 비슷하기 때문에 체취를 통해서 혈연관계를 어느 정도 파악할 수 있다. 이 밖에 울음 소리 같은 것도 나와 얼마나 가까운가를 파악할 수 있는 하나의 단서가 된다.

호준 | 네 말 들으니까 내가 좀 심했던 것도 같다. 너무 가까이 지내서 내가 가족의 소중함을 잠깐 잊고 살았나 봐. 얘기하다 보니 우리 할아

버지 생각난다. 우리 할아버지 이산가족이시거든. 나 열 살 때 할아버지가 할아버지 누나를 찾으셨어. 네 살도 안 됐을 때 헤어져서 얼굴도 잘 모르신다고 했는데, 처음에 다른 분이 연락 왔을 때는 아니라고 딱 잘라 말씀하시더니 진짜 왕할머니가 나타나셨을 때는 목소리만 듣고 막 우시는 거야. 얼굴조차 기억이 나지 않거나 나이가 많이 들어 모습이 변했는데도 서로를 보면 말로 설명할 수 없는 '가족이라는 느낌'이 드는 거라고 할아버지가 그러셨어. 우리 할아버지의 경우처럼, 어렸을 때 헤어졌던 가족이 다시 만나는 걸 보면 서로 보이지 않는 끈으로 묶여 있는 것만 같다는 생각도 든다.

2장

양심은 사실 머릿속에 있다?
도덕성

한밤중의 전화

따르르릉~ 따르르릉~

시끄럽게 전화벨이 울려도 호준이는 잠에서 깨어날 줄 모른다. 과제 때문에 학교에서 이틀 연속 밤을 새고 집에 겨우 들어온 탓이다. 한참 울리던 전화벨은 끊겼다가 다시 또 울린다.

따르르릉~ 따르르릉~

호준이는 두 번째 울리기 시작한 전화벨 소리에 겨우 손을 뻗는다.

호준 | 하음냐, 여보세요…….

수화기 너머 목소리 | 안녕하세요? 이호섭 학생 집 맞나요?

호준 | 아예. 맞는데여……, 흐아암.

호준이는 눈을 감은 채 전화를 받으며 하품을 한다.

수화기 너머 목소리 | 아, 네. 여기 경찰선데요, 이호섭 학생이랑 전화받는 분 관계가 어떻게 되시죠?

경찰서라는 말에 호준이는 눈이 번쩍 뜨인다. 벽에 걸린 시계는 열한 시를 가리키고 있다. 이 늦은 시간에 호섭이를 경찰서에서 왜 찾는 거지? 호준이의 심장이 쿵쾅거리기 시작한다.

호준 | 네? 경찰서라고요?! 호섭이, 호섭이는 제 동생인데요? 무, 무슨 일이시죠? 호섭이한테 무슨 일이 생긴 건가요? 우리 호섭이 괜찮은 거죠? 괜찮다고 말해주세요 아저씨! 제발요!

당황한 호준이의 머릿속에서는 온갖 범죄 수사물의 장면들이 스쳐 지나간다. 하필 이런 때 부모님은 해외여행 중이시다. 부모님이 여행 가신 틈을 타 호섭이는 친구 집에서 자고 오겠다며 일찌감치 집을 나섰다. 호준이는 호섭이를 내보낸 게 후회되기 시작한다. 왜 지금 여행을 가신 건지 부모님이 원망스럽기까지 하다.

경찰 | 아, 시간이 좀 늦었습니다. 저 일단 진정하세요. 지금 전화받은

분은 호섭군 형이시라고요? 나이가 어떻게 되죠? 미성년자인가요?

호준 | 아니요, 저 대학생이에요. 우리 호섭이 아까 친구 집에서 자고 온다고 나갔는데. 제발 우리 호섭이 좀 잘 지켜주세요. 아아, 제가 뭘 어떻게 하면 되죠?

경찰 | 네? 아이고, 그런 게 아닌데. 하하하. 제가 늦은 시간에 갑자기 전화를 드려서 깜짝 놀라신 모양이네요. 무슨 일 생긴 게 아니고요, 호섭군 칭찬을 좀 하려고 전화했어요. 호섭군이 집에 가서 아무 말도 안 한 모양이네요.

호준 | 네?

칭찬이라고? 호준이는 머릿속이 더욱 더 복잡해진다.

경찰 | 걱정 마세요. 호섭군한테 아무 일도 없습니다. 호섭 학생이 아주 좋은 일을 해서 전화를 드렸어요. 지난주에 길을 가다가 주웠다면서 십만 원이 든 봉투를 경찰서로 가지고 왔거든요. 근데 그 돈 봉투 주인이 나타났어요. 동네에서 떡볶이 장사하는 할머니신데요. 학생이 착하다고 고마워하시면서 지금 찾아오셔가지고요.

호준 | 네에?

갑자기 긴장이 탁 풀렸다. 동시에 호들갑을 떨었던 자신이 너무 부끄러워졌다.

경찰 | 하하하, 이거 정말 미안합니다. 할머니가 고맙다는 인사를 꼭 해야 한다고 집엘 안 가셔가지고 굳이 늦은 시간에 전화를 했습니다. 호섭군이 집에 없군요.

호준이는 부끄러운 마음에 모기처럼 작아진 목소리로 대답했다.

호준 | 아, 네. 감사합니다. 호섭이 들어오면 얘기하겠습니다.

어른이 된다는 건

호섭 | 형 나 왔어, 문 열어줘~

띵동~ 띵동띵동~

멍하니 거실 소파에 앉아 있다가 그대로 잠들었던 호준이는 초인종 소리에 겨우 눈을 떴다. 현관문을 열어준 호준이는 호섭이에게 큰 소리를 친다.

호준 | 이 녀석아! 내가 어젯밤에 너 때문에 얼마나 놀랐는지 알아? 이 자식, 형을 그렇게나 걱정시키고. 아주 잘~ 했다!
호섭 | 뭐가 형? 내가 뭐 잘못했어?
호준 | 아휴, 이제 정신이 좀 드네. 어젯밤에 경찰서에서 너 찾는 전화 온 거 알아? 너 지난주에 돈 봉투 주워서 경찰서에 가져다 드렸다며?

그런 줄도 모르고 갑자기 경찰 아저씨가 널 찾으니 형은 너한테 무슨 일이라도 생긴 줄 알았어.

경찰서라는 말에 호섭이의 눈이 커다래졌다가 곧 안도한 표정으로 비죽비죽 웃는다.

호준 │ 그나저나 왜 옛날에 가족끼리 영화 보러 갔다가 너 화장실에서 돈 주웠다고 엄청 좋아했던 거 생각난다. 남의 돈을 가져와서는 좋아했다고 집에 올 때까지 아빠한테 꾸지람 들었잖아. 이야, 그때 진짜 난리도 아니었지. 아빠가 막 자리에서 벌떡 일어나서 소리치고 그랬는데, 크큭. "돈 잃어버리신 분! 여기 천 원 잃어버리신 분 안 계십니까? 화장실에서 천 원을 놓고 가신 분은 저에게 오시기 바랍니다!" 우리 호섭이가 이렇게 컸다니! 아주 대견하다, 대견해~

갑자기 두 손을 번쩍 들고 아빠의 흉내를 내는 형 때문에 호섭이는 얼굴이 빨갛게 달아올랐다.

호섭 │ 아, 그건 나 초등학생 때 얘기잖아. 갑자기 그 얘긴 왜 꺼내고 그래, 그 얘기 하지 마! 그땐 진짜 아무것도 몰랐으니까 그렇지. 그리고 그때는 또 천 원짜리 한 장이었다고.

호준 │ 어어? 녀석 이제 어른 됐나 했더니 아직이네? 그럼 이번에도 천 원짜리 한 장이면 그냥 꿀꺽하려고 그랬어? 그때처럼 좋아라 동네

방네 자랑하면서?

호섭 ¦ 아니, 그런 뜻이 아니라…….

호준 ¦ 하하하, 당연히 아니겠지. 형이 장난 좀 쳤어.

호섭 ¦ 근데 형, 도덕심은 태어날 때부터 있는 걸까? 아니면 자라나면서 생기는 걸까?

호준 ¦ 성선설(性善說)이 맞는지 성악설(性惡說)이 맞는지 물어보는 거야? 네 생각은 어떤데?

호섭 ¦ 음…… 나는 양심이나 도덕심이 뇌 속에 처음부터 씨앗처럼 자리 잡고 있을 것 같아. 그런데 처음엔 씨앗 같은 상태라서 별로 기능을 못하고, 점점 자라나서 그 기능이 발전하는 거 아닐까?

호준 ¦ 오, 그럴 듯해. 실제로 많은 사람들이 도덕심은 사회적 규범과 문화의 영향을 받아서 발전한다고 얘기해. 또 도덕적 행동을 할 때 활성화되는 뇌 영역이 성인에게서만 관찰되는 것도 아니고.

호섭 │ 와, 도덕심과 관련된 뇌 영역이 실제로 있어?

호준 │ 응. 어디일 것 같아? 한 번 맞춰볼래?

호섭 │ 음…… 상대방의 상황이나 마음을 이해하는 영역? 그런 역할을 수행하는 곳이 있다면. 도덕적 행동이라는 건 사실 우리가 사는 이 세상에서 정해진 규범을 잘 따르는 거고, 그 규범은 대부분 남에게 피해를 주지 말자는 거니까 상대방을 잘 이해하고 배려하는 사람이 도덕적일 것 같아.

호준 │ 오~ 똑똑한데? 맞아. 측두엽과 두정엽의 역할이 도덕적 판단을 내릴 때 관여하는데, 이 영역은 상대방의 입장이 되어 생각해보는 데 중요한 역할을 해. 그리고 과학자들이 특정 뇌 영역에 손상을 입은 사람들의 반응을 살펴본 결과 알아낸 건데, 뇌의 앞쪽 부분인 전두엽도 관련이 있대. 전두엽에는 감정을 조절하거나 보상과 처벌에 대해 생각하는 영역이 분포해 있거든. 이 영역에 손상을 입은 환자들에게 사회적 규범과 관련된 상황극을 보여주면서 옳고 그름을 판단하게 했더니 일반적으로 도덕적이라고 여겨지는 판단을 내리지 못했대. 사회적 규범을 잘 이해한다는 건 어떤 행동을 하는 것이 내게 보상으로 돌아올지, 또 처벌을 피하려면 어떤 행동을 선택해야 하는지 잘 안다는 거겠지? 그런데 그 기능이 제대로 작동하지 못하면 도덕적 판단을 내리는 게 어려워질 거야. 마지막으로 한 군데가 더 있는데, 혐오감을 관장하는 섬이랑이라는 영역도 도덕적 판단을 내리는 데 관여한대.

• 뇌 속에서 '도덕'을 찾으려면 •

도덕은 사회적 규범의 하나다. 사회적 규범은 시대와 장소에 따라 달라진다. 그렇기 때문에 도덕적 행동이 무엇인지 정확한 정의를 내리기는 매우 어렵고, '도덕심'을 측정 하는 것 역시 쉽지 않다. 하지만 그럼에도 불구하고 다른 사람에게 피해를 주는 행동과 같이 어디서든 '비도덕적'이라고 여겨지는 상황과 행동이 존재한다. 뇌에서 도덕심을 찾을 때는 이처럼 어디서나 도덕적이라고 여겨지는 상황이 이용된다.

연구자들은 특정 상황을 제시하고 그 상황에서 피실험자가 하는 대답이나 행동과 그

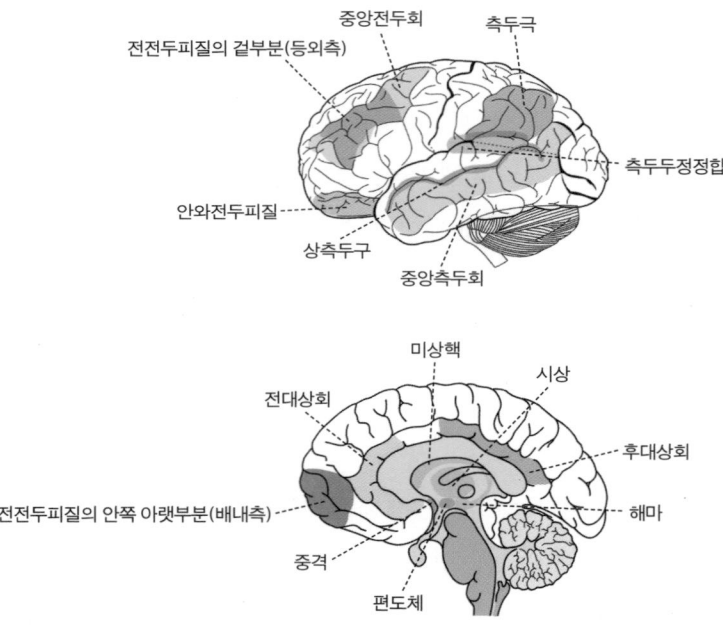

인간의 '도덕성'을 밝히기 위해 뇌의 다양한 영역이 연구되었다. 파란색과 초록색으로 표시된 다양한 영역들이 모두 도덕성을 주제로 다뤄졌던 영역이다. 색이 진할수록 더 많이 다뤄졌던 영역이다(Leo Pascual et al., 2013).

때 일어나는 뇌 활성의 변화를 관찰함으로써 '도덕심'을 유발하는 뇌 영역을 알아내기 위해 노력해왔다. 지금까지 이뤄진 뇌 속의 '도덕'을 찾기 위한 다양한 연구 결과에서 '도덕심'을 관장하는 뇌 영역은 한곳으로 콕 집어 나타나지 않았다. 도덕적 판단은 사회 규칙 등의 학습 내용과 감정적 반응 등 다양한 요소가 조합되어 나타나는 의사결정 과정이기 때문에 여러 뇌 영역의 활성이 복합적으로 관여한다고 알려져 있다.

뇌의 특정 영역에 심각한 손상을 입은 경우 성격이 완전히 변하는 경우는 알려져 있다. 그중 한 예가 피니어스 게이지(Phineas Gage)라는 사람의 이야기이다. 피니어스 게이지는 1848년, 뇌의 전전두피질 아래쪽 부분을 커다란 막대기가 관통하는 부상을 입었다. 지금까지 살아온 기억이나 지각 능력 등에는 전혀

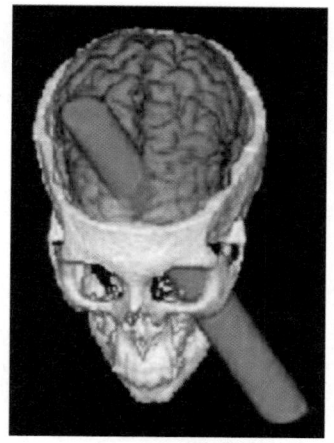

피니어스 게이지의 머리뼈 사진. 1848년 이 사람은 뇌의 전전두피질 아래쪽 부분을 막대가 통과하는 부상을 입었다. 그 결과 인지적 능력을 비롯한 다른 기능에는 문제가 없었지만 다른 사람을 대하는 태도, 도덕적 판단 등이 완전히 달라졌다. 즉 성격이 완전히 다른 사람이 되어버린 것이다(M. F. Mendez, 2009).

변화가 없었지만, 이 부상 이후 피니어스 게이지의 도덕성, 사회성에는 큰 변화가 생겼다. 가족을 포함한 주변 사람들이 다른 성격을 가진 완전히 새로운 사람이 되었다고 말할 정도였다.

피니어스 게이지의 뇌에서 손상을 입었던 바로 그 영역인 전전두피질의 아래쪽 부분은 실제로 도덕적 판단을 내리는 데 중요한 역할을 한다고 생각된다. 이 영역은 특히 죄책감이나 동정심, 부끄러움 같은 사회적 감정을 느끼는 데 관여한다고 알려져 있다. 연구자들이 전전두피질의 아래쪽 부분에 손상을 입은 사람들을 대상으로 도덕적 판단을 내려야 하는 상황을 제시한 뒤 그 대답을 뇌에 손상이 없는 사람들의 대답과 비교해본 결과, 전전두피질의 아래쪽 부분에 손상을 입은 사람들은 감정이 개입되는 도덕적 판

단을 잘 내리지 못하는 것으로 나타났다.

예를 하나 들어보자. 브레이크가 망가진 열차가 달려오고 있다. 열차가 달려가는 방향에 다섯 사람이 서 있다. 나는 육교 위에서 그 상황을 보고 있는데, 내 옆에 서 있는 조수를 밀어 떨어뜨리면 열차를 막을 수도 있다. 한 사람을 희생시켜 여러 사람을 구하는 것과 고의로 한 사람을 희생시키는 것 중 무엇이 더 도덕적인 선택일까?

이 상황에서 생존할 수 있는 사람의 수를 본다면 한 사람을 희생시키는 것이 더 나은 선택일지 모른다. 하지만 내가 옆 사람을 희생시키는 것 역시 도덕적이라고 볼 수 없는 선택이며, 죄책감이나 책임감을 불러올 것이다.

이러한 질문에 전전두피질의 아래쪽 부분에 손상을 입어 죄책감, 희생에 대한 책임 같은 감정을 잘 느끼지 못하는 사람들은 뇌에 손상이 없는 사람에 비해 한 사람을 희생시키겠다는 선택을 내리는 비율이 더 높았다. 또 이들은 선택을 하는 데 있어 망설이는 시간도 훨씬 짧았다.

반면, 이 사람들이 사회 규칙이나 학습한 도덕적 사실을 이해하는 데는 문제가 없었다. 길에 쓰레기를 함부로 버리는 것과 같이 감정적 판단을 동반하지 않는 상황의 경우 전전두피질의 아래쪽 부분에 손상이 있는 사람도 정상적으로 도덕적 판단을 내렸다.

그렇다면 감정을 동반하는 모든 도덕적 상황에서 전전두피질의 아래쪽 부분이 그 역할을 하는 걸까? 사람의 뇌는 생각보다 더 복잡하다. 최후통첩 게임에서 상대방보다 내가 적은 돈을 배당받는 경우 전전두피질의 아래쪽 부분에 손상을 입은 사람도 대부분 화를 내며 제안을 거절했다.

이 경우는 앞선 경우와 중요한 차이점이 있다. 전자의 경우는 내가 아닌 다른 사람에 대한 감정적 판단을 내리는 상황이었고 최후통첩 게임의 경우는 나 자신이 처한 상황에 대한 감정적 판단을 내리는 상황이었다. 즉 전전두피질의 아래쪽 부분은 내가 처한 상황에 대한 직접적인 감정이 아닌, 제삼자가 처한 상황, 타인과 나의 관계에 대한 감정인 '사회적 감정'이 개입되는 판단을 내리는 데 관여하는 영역이라고 볼 수 있다.

호섭 | 신기하다. 그래서 길거리에 쓰레기를 버리거나 부도덕한 행동을 하는 사람을 보면 기분이 나쁜가 봐! 근데 형, 사회적 규범은 사람들이 만드는 거잖아? 그래서 다른 나라에 가면 규범이 달라지기도 하고. 혹시 사람처럼 이런 규범이 없는 다른 동물들에게도 도덕심이 있을까?

불공정에 대한 혐오

호준 | 글쎄? 우리가 모를 뿐이지 다른 동물들도 자기들 나름의 규범을 세워서 살고 있을 수도 있지 않을까? 어쨌든 그 규범을 이해하지 못하면 그들이 어떤 행동을 하는 게 도덕적인지 판단할 수가 없으니 도덕심이 있나 없나를 알아보기는 좀 어려울 것 같다. 사람에게서 도덕심을 확인할 때도 최대한 나라나 시대에 관계없이, '도덕적'이라고 인식되는 기준을 적용해서 판단하니까.

사람이 아닌 다른 동물에게 도덕심이 있느냐는 질문에는 대답하기 어렵지만 상대방과 내가 공평한 대우를 받고 있는가 하는, 공정함에 대한 인식은 다른 동물도 가지고 있다고 해. 전에 공정함에 대한 인식을 보여주는 무지 재미있는 영상을 본 적이 있어. 원숭이 두 마리가 이웃한 우리 안에 있었어. 사육사는 이 원숭이들에게 조약돌을 집어서 건네주면 간식을 받을 수 있다는 걸 가르쳐왔어. 한 원숭이가 먼저 조약돌을 집어서 건네고는 사육사에게 맛있는 포도를 받았어. 근데 다른 원숭이가 조약돌을 건넸더니 이번에는 사육사가 포도가 아닌 오이를 주는 거야. 오이를 받은 원숭이는 옆 칸에 있는 원숭이가 포도를 받아먹는 걸 봤잖아? 이 원숭이의 반응이 어떨까? 만약 원숭이가 아니라 사람이라면 어땠을까?

호섭 ┃ 내가 만약 그 원숭이라면 사육사한테 완전 짜증냈을 것 같아. 더군다나 나는 오이를 엄청 싫어하거든! 신경질 내고 조약돌도 더 안 건넬 것 같아. 안 먹고 말지. 사람이라면 당연히 그랬겠지만, 근데 원숭이라면……? 원숭이도 그걸 알까? 기분 나쁘다고 '안 먹고 말지' 이런 생각까지는 못할 것 같아. 오이라도 그냥 받아먹었을 것 같은데?

호준 ┃ 하하, 그래? 그 원숭이, 너랑 똑같이 반응했대. 이 원숭이는 처음에 어리둥절해하면서 조약돌을 다시 건넸는데 계속 자기는 오이를 주고 친구는 포도를 주는 거야. 그걸 보고는 화가 나서 막 조약돌을 집어 던지고 소리도 질렀대. 사육사의 불공정한 대우에 반발한 거지.

호섭 │ 정말? 하하하 사람이랑 똑같잖아?

호준 │ 오이를 받고 화가 난 원숭이를 보면 그렇지? 근데 포도를 먹은 원숭이를 보면 어때? 얘는 아무렇지 않게 계속 조약돌을 건네고 포도를 받아먹었을까? 만약 사람이라면 이 상황에서 어떻게 했을까?

호섭 │ 음…… 옆에 있는 원숭이가 화가 난 걸 보고 미안하기도 하고 민망하기도 해서 포도 받아먹기를 그만했을 것 같아. 자기가 받은 포도를 옆 친구에게 주거나 같이 사육사한테 항의했을 수도 있고. 설마 혹시 이번에도……?

호준 │ 하하, 아쉽지만 그건 사람만 보이는 행동이라고 생각된대. 포도를 받은 원숭이는 아무렇지도 않게 계속 조약돌을 건네고 포도를 먹었대. 내가 상대에 비해 불공정한 대우를 받은 경우에 보이는 반응을 넘어서 상대가 나보다 불공정한 대우를 받은 경우에 대해서까지 부정적인 반응을 보이는 걸 두고 '불공정 혐오'라고 불러. 원숭이에게 불공정 혐오는 없었던 거지.

호섭 │ 우아, 형, 도덕심을 가지는 게 생각보다 쉬운 일이 아닌 것 같아. 사회에서 정한 규칙만 잘 이해하고 따르면 되는 게 아니라 나한테도 남한테도 모두 불리한 일이 일어나지 않도록 신경까지 써야 하네.

호준 │ 물론이지. 감정적인 판단도 해야 하고, 지금 내가 내리는 결정이 가져오게 될 미래의 결과에 대해서도 고려를 해야 해. 도덕적인 사람이 되는 게 진짜 쉬운 일이 아니야.

· 불공정 혐오 ·

인간은 나와 다른 개체가 비슷한 대우를 받는지에 대해 다른 어떤 동물보다 민감하다. 불공정한 상황은 크게 두 가지 경우로 나눠볼 수 있다. 첫 번째는 내가 남보다 좋지 않은 대우를 받은 경우다. 이 경우 사람을 포함한 동물에게서 대부분 불공정함에 항의하는 부정적인 반응이 관찰된다. 두 번째 경우는, 남이 나보다 좋지 않은 대우를 받는 걸 볼 때다. 사람이 아닌 동물의 경우, 이런 상황에서 다른 개체에 대해 별로 신경을 쓰지 않는다. 하지만 사람의 경우, 내가 타인에 비해 비슷한, 혹은 더 많은 이익을 받을 수 있는지 만큼 중요한 것이 타인과 내가 비슷한 정도의 이익을 받는지 여부다.

이런 반응은 사실 경제적으로 볼 때 전혀 합당하지 않다. 인간에게서만 보이는 이 반응에 대한 이유로 꼽히는 것 중 하나가 사람이 속한 사회적 관계가 다른 동물에 비해 복잡하고, 그 영향력이 강하다는 점이다. 타인과의 관계를 중시하고 먼 미래에 그 관계로부터 내가 받게 될 이익과 손해를 미리 생각하기 때문에, 현재 내가 조금 더 많은 이익을 받는 것보다 타인과 내가 공정하게 이익을 받기를 원할 수 있다는 것이다.

사람에게서 이 같은 불공정에 대한 혐오를 확인한 실험이 있다. 이 실험에서 연구자들은 두 사람의 피험자에게 제비뽑기를 통해 서로 다른 액수의 돈을 나눠 갖도록 했다. 상대방이 가진 돈의 액수를 알고 있는 상태에서 피험자들은 각자 자신이 받은 돈을 상대방에게 나눠줄 마음이 있는지, 또 상대방의 돈을 자신이 나눠 받아야 한다고 생각하

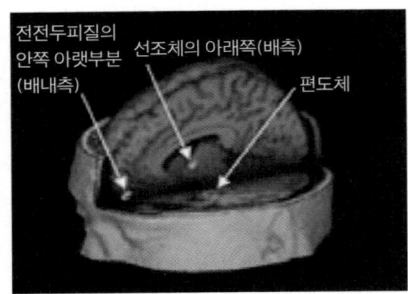

전전두피질의 안쪽 아랫부분 (배내측)   선조체의 아래쪽(배측)   편도체

공정함에 관여한다고 알려진 뇌 영역, 왼쪽부터 전전두피질의 안쪽 아랫부분(VMPFC), 선조체의 아래쪽(ventral striatum), 편도체 (amygdala)(M.F.Mendez, 2009).

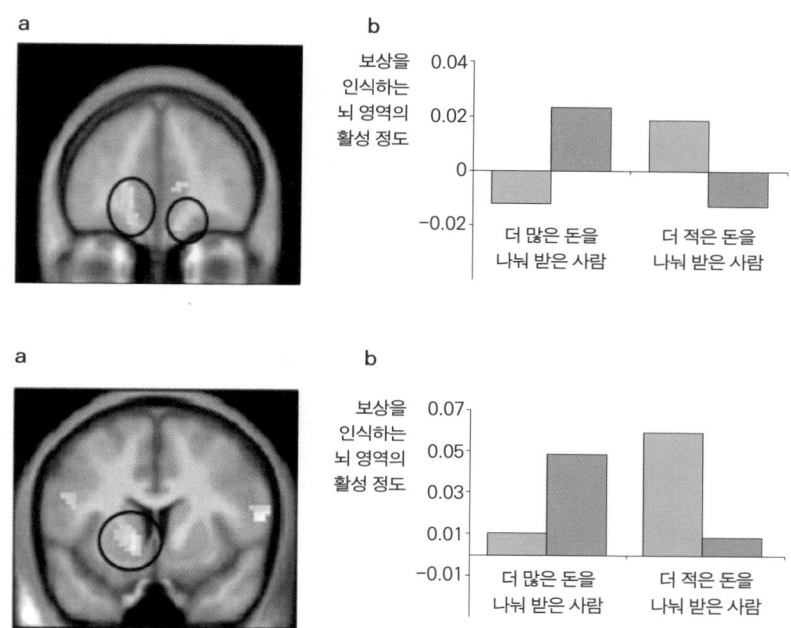

그래프의 왼쪽이 더 많은 돈을 나눠 받은 사람, 오른쪽이 더 적은 돈을 받은 사람의 뇌 활성 정도이다. 각각의 사람들에 대해 푸른색(왼쪽) 막대는 자신이 돈을 더 나눠 받아야 한다고 생각할 때, 보라색(오른쪽) 막대는 상대방에게 돈을 더 나눠줘야 한다고 생각했을 때 뇌가 활성된 정도이다.

처음 더 적은 돈을 받은 사람의 경우 자신이 불공정한 상황에 처했다는 생각을 했을 것이다. 따라서 당연히 상대방에게 돈을 주는 것은 더 불공정한 처사이며, 자신이 돈을 더 나눠 받아야 한다고 생각할 것이다. 뇌 활성 정도를 보면 실제로 이 사람들이 상대에게 돈을 더 줘야 한다고 생각한 경우(네 개의 막대 중 제일 오른쪽. 보라색) 뇌에서 보상을 인식하는 영역의 활성 정도가 매우 낮게 나타났다. 반면, 자신이 돈을 더 나눠 받아야 한다고 생각하는 경우 그 활성 정도가 굉장히 높게 나타난 것을 볼 수 있다(네 개의 막대 중 오른쪽에서 두 번째. 푸른색).

반면, 처음 더 많은 돈을 받은 사람의 경우 상대방에게 돈을 나눠주는 경우, 뇌에서 보상을 인식하는 영역의 활성 정도가 매우 높게 나타났다(네 개의 막대 중 왼쪽에서 두 번째. 보라색). 자신이 돈을 더 나눠 받는 경우에 대해서는 오히려 활성 정도가 낮게 나타났다(네 개의 막대 중 제일 왼쪽)(Elizabeth Tricomi et al., 2010).

는지 질문을 받았다. 피험자들이 질문을 듣고 대답하는 동안 그들의 뇌에서 선조체의 아래쪽과 전전두엽의 아래쪽 부분의 활성을 측정했다. 이 영역들은 보상을 계산하는 데 관여하는 것으로 알려져 있다.

적은 돈을 받았던 사람은 당연히 자신이 돈을 더 나눠 받는 상황에 대해 긍정적으로 반응했다. 놀라운 것은 더 큰 돈을 받은 사람이 자신이 돈을 더 받는 경우보다 상대방에게 돈을 나눠주는 경우에 대해 더 긍정적으로 여겼다는 점이다. 단순히 상대방에게 돈을 더 주는 것이 아니라 자신의 돈을 직접 나눠주는, 즉 자신에게 손해가 되는 선택인데도 이 같은 반응을 보인 것이다. 사람의 뇌가 자신에게 더 이익이 되는지보다 다른 사람과 자신이 비슷하고 공정한 대우를 받는 것을 선호한다는 것을 실제로 확인시켜준 결과이다.

호섭 ｜ 캬~ 엄청 뿌듯한데? 내가 그렇게 대단한 일을 했다니. 후훗. 형, 그래서 그 돈 봉투 주인은 찾은 거래?

호준 ｜ 아 그래, 그래. 내가 그 말을 안 했구나. 동네에서 떡볶이 파시는 할머니가 잃어버렸던 거래. 고맙단 말을 꼭 하고 싶으시다고 열한 시가 넘었는데 전화를 하신 거라더라. 나중에 경찰서에 가서 경찰아저씨께 한 번 여쭤 봐.

호섭 ｜ 응. 그래야겠다. 어쨌거나 주인한테 잘 돌아갔다니 너무 다행이야.

3장

내가 분노하는 이유
폭력성, 화

문제의 그 게임

강의실 문간에서 지영이는 앉아 있는 학생들을 이리저리 살핀다. 누군가를 찾는 모양이다. 자리에 앉아 있던 호준이가 마침 뒤를 돌아본다. 지영이와 눈이 마주친 호준이가 반가운 표정을 지으며 인사하려 하자 지영이는 얼른 입에 손을 가져다 댄다. 쉿! 옆자리에 앉은 재민이는 무얼 하는지 고개를 푹 숙이고 초 집중 상태다. 지영이는 발소리를 죽이고 재민이 뒤로 다가간다. 호준이의 얼굴은 웃음을 참느라 온통 구겨져 있다.

지영 | 큼큼, 재민 학생.

지영이가 한껏 목소리를 내려 깔고 재민이의 어깨에 손을 척 올린다. 재민이가 흠칫 놀라며 대답한다.

재민 ㅣ 네! 교수님!

지영이와 호준이는 한바탕 웃음이 터졌다.

지영 ㅣ 와하하하, 너 나 진짜 교수님인 줄 알았어? 으하하하! 뭐 하고 있었길래? 진짜 웃긴다, 으하하!
재민 ㅣ 아, 너네 뭐야! 진짜 교수님 오신 줄 알았네. 하, 죽었잖아…….
이번 판 이길 수 있었는데! 너무해!
호준 ㅣ 야, 그게 뭐라고 그렇게 빠져 있어. 그 게임 내 동생이 하는 거라니까? 걔 중학생이야~ 너는 무슨 그런 게임을 하냐?

지영이가 얼른 재민이의 스마트폰 화면을 들여다본다.

지영 ㅣ 뭔데? 아우~ 이게 뭐야? 잔인해! 김재민, 하지 마!
재민 ㅣ 에이 게임이 다 그렇지 뭐. 근데 잠깐, 호준이 네 동생이 이 게임을 한다고? 이거 호섭이가 하기엔 너무 잔인한데, 해도 되는 거야?
호준 ㅣ 그래? 그렇게 잔인한 게임이야? 걘 컴퓨터로 그거 하던데?

재민이의 말을 듣고 다시 보니 게임 화면에 피가 낭자한 것이 중학

생이 할 만한 게임 같아 보이지는 않았다.

　호준이는 호섭이와 얘기를 한번 해야겠다고 생각하며 집에 들어갔다. 그런데 마침 집에서도 호섭이가 하는 게임 때문에 한바탕 난리가 나는 중이었다.

　엄마 ˥ 호섭이 너! 지금 뭐 하는 거야? 이게 뭐야? 누가 이렇게 잔인한 걸 하고 있어! 얘 좀 봐, 얘 좀 봐! 요즘 세상이 어떻게 되는 거야? 쪼끄만 애들이 총을 쏘고 비명을 꽥꽥 지르고 이게 뭐 하는 거야?
　호섭 ˥ 으앗, 엄마! 잠깐만요! 지금 완전 중요한 순간!
　엄마 ˥ 안 돼! 너 당장 일어나!

　그리고 이어지는 등짝 스매시.

호섭 | 으악! 으아악!

엄마의 등짝 스매시를 피하느라 모니터 속 호섭이가 공들여 훈련시킨 캐릭터는 상대가 쏜 총을 맞고 그대로 전사하고 말았다.

화가 잔뜩 난 엄마는 등짝 스매시 한 방으로 이 사태를 끝내지 않았다. 저녁상을 앞에 두고까지 엄마의 잔소리는 이어졌다. 어린애들 하라고 그런 게임을 풀어놓는 회사는 다 망해야 한다는 데서 출발한 엄마의 걱정과 잔소리는 세상의 모든 컴퓨터를 다 없애버려야 한다는 데까지 이어졌다. 무거워진 밥상 분위기 때문에 호준이도 밥이 넘어가지 않았다.

남자라서 공격적이라고?

———

저녁을 다 먹은 뒤 호준이는 호섭이를 따라 슬쩍 방에 들어갔다.

호준 | 호섭아, 그 게임 뭐야? 네 친구들 사이에서 인기니?
호섭 | 형 한 번도 안 해봤어? 그거 가상현실에서 총 쏘는 게임인데, 진짜 실감나고 재미있어. 그렇게 잔인하지도 않아! 엄마는 왜 저렇게 화를 내시는 거야? 형, 내 친구 지웅이 알지. 지웅이네 형도 대학생이잖아. 지웅이는 걔네 형 이름으로 아이디 만들어서 성인판도 해봤대. 청소년 버전은 진짜 하나도 안 잔인해. 엄마가 저렇게까지 화내실 일이 아니라니까? 있잖아 형, 나도 형 이름으로 아이디 만들어주면 안 돼?

호준 | 뭐? 근데 그게 청소년판이랑 성인판이 따로 있어?

호섭 | 어. 청소년판은 무기도 제한되어 있고 피도 안 나고 좀 시시해. 근데 성인판은 막 피도 나고 영상이 훨씬 실감난대!

호준 | 아, 재민이가 하는 게 성인판이었구나. 이거 다행인 거야 뭐야?

호섭 | 재민이 형 이거 해? 재민이 형한테 아이디 빌려달라 그럴까?!

호준 | 뭐? 형이 지금 네 편 들어주러 온 줄 알아? 엄마가 그렇게 화를 내셨으면 반성을 조금이라도 해야지. 너 성인판 해볼 생각은 하지도 마. 그리고 이제 그 게임하는 거 조금씩 줄여.

호섭 | 아~ 진짜 짜증나! 형도 엄마랑 똑같아. 잔소리만 하고.

호섭이의 반응에 호준이는 화가 울컥 치민다. 안 그래도 요즘 호섭이에게 잘해줘야겠다고 마음먹고 있었는데, 자길 걱정해주는 마음은 알지도 못하고 투덜거리기만 하는 동생이 너무 밉다. 호준이는 홧김에 호섭이 머리에 꿀밤을 한 방 먹이고 방을 휙 나온다. 씩씩거리며 호섭이 방을 나오는 호준이를 보고 엄마가 한마디한다.

엄마 | 너 호섭이한테 잔소리했니? 냅둬. 치고 박고 싸우는 것보단 게임으로 싸움질하는 게 더 낫긴 하지. 시간이 지나면 저도 정신 차리겠지.

호준 | 잔소리는요, 게임하는 시간 좀 줄이라고 했더니 저 자식이 대드는걸요? 와 철 좀 들었나 했더니 웬걸. 사춘기가 왔나 봐요, 저 녀석한테 말 한마디 하기가 겁나요. 마음속에 화가 가득해선.

엄마 ┃ 남자애들 저 때 다 저렇지 뭐. 엄마가 난리 쳤으니까 앞으로는 좀 조심하겠지. 넌 뭐 안 그랬는줄 알아?

호준 ┃ 네? 전 안 그랬는데요?

엄마는 호준이의 대답에 웃음을 참지 못한다.

엄마 ┃ 됐다 됐어~ 사실 뭐, 사람이 잔인하고 공격적인 걸 찾는 게 전혀 이상한 건 아니지. 콕 집어 너랑 호섭이 얘기가 아니라, 여자애들보다는 남자애들이 더 그런 것도 사실이지 않니? 남자랑 여자랑 몸 안에서 나오는 호르몬이 다르니까. 저번에 텔레비전 보니까 남성호르몬인 안드로겐, 테스토스테론이 공격적인 성향을 만들어낸다고 하더만. 어린 동물한테 테스토스테론을 주입하면 공격적인 성향이 더 강해지기도 한대. 반대로 성호르몬이 분비되는 기관이 제거된 수컷들은 공격적인 성향이 줄어들고.

호준 ┃ 에이 엄마, 그게 남성호르몬이긴 한데 여자 몸에서는 아예 분비가 안 되는 건 아니지 않아요? 남자든 여자든 남성호르몬과 여성호르몬이 다 있는데, 남성호르몬은 남자에게서 훨씬 더 많이, 여성호르몬은 여자에게서 훨씬 더 많이 나올 뿐인 거죠. 엄마 말씀처럼 남성호르몬이 공격적인 성향을 더 유발한다고 알려져 있긴 한데, 그게 사람에서는 엄청 큰 차이가 나진 않는다고 하던데요?

엄마 ┃ 그래? 사람한테서는 별로 차이가 안 나도 다른 동물한테서는 그 영향력을 절대 무시할 수 없을걸? 하이에나 알지? 하이에나는 암

컷끼리 무리를 지어 사는데, 우두머리 암컷한테서는 다른 녀석들보다 안드로겐이 훨씬 많이 분비된다고 하더라. 그리고 그 우두머리 암컷의 새끼는 다른 암컷들이 낳은 새끼보다 훨씬 더 공격적인 편이래. 얘네가 커서 다시 또 우두머리 자리를 차지하는 경우도 많다고 하고. 안드로겐이 가지는 영향력이 꽤 크지? 생각해보면 하이에나나 맹수들에 비교해볼 때 사람이 나타내는 공격성이라는 건 그 정도가 훨씬 약하지. 그 동물들처럼 진짜 물어뜯고 싸우는 경우도 거의 없고. 애초에 공격적인 성향을 드러내는 정도가 다른 동물들보다 약하다 보니 호르몬 분비에 의해 공격성이 달라지는 정도가 눈에 잘 보이지 않는 건 아닐까?

내 머릿속의 '분노 통제소'

호준 | 하긴, 엄마 말씀이 맞는 것도 같아요. 살인을 하거나 엄청 심각한 범죄를 저지른 사람들 중 몇몇은 정말 남성호르몬 수치가 높았다는 얘기가 있기도 하니까요. 근데 호르몬은 공격적 성향을 좀 더 강하게 하느냐 마느냐를 조절하는 거지 공격적 행동의 원인은 아닌 것 같아요.

엄마 | 어 그거 중요한 얘기구나. 공격적인 행동이 나타나는 원인은 다른 데 있는 게 맞을 거야. 엄마가 알기로는 공격적인 행동이 나타나게 된 원인으로 꼽히는 것 중 하나가 먹이 사냥이라더라. 특히 진화심리학에서는 과거 수렵, 채집생활을 하던 고대 인류에게서 이 같은 공격적 행동의 근원을 찾기도 한대. 사냥을 통해 먹을 것을 구하고 살았던 고대 인류에게 다른 동물을 공격하고 싸움에서 이기는 일은 매우 중요한 것이었지. 생존과 직결되는 문제였기 때문에 싸움과 공격은 본능으로 자리 잡게 되었고, 이 본능이 지금까지 사라지지 않고 내재되어 있다는 얘기야. 이런 시각으로 사람들이 스포츠 경기를 보며 소리를 지르고 환호하는 일, 또 경기에서 이긴 뒤에 느끼는 쾌감 같은 것의 원인을 과거의 본능적인 사냥 욕구가 남아 있기 때문이라고 설명하기도 하고. 호섭이가 총 쏘는 게임을 좋아하는 것도 이 맥락에서 생각해 보면 이해가 되지. 이기겠다는 목표를 가지고 온라인에서 일종의 '사냥'을 하는 거니까.

호준 | 아~ 저 얼마 전에 신기한 영상 하나 본 게 생각났어요. 쥐의 머

리에 전선 같은 걸 연결해서 특정 부위를 자극했더니 쥐가 가만있는 비닐장갑을 막 공격하는 거예요. 근데 자극을 멈추니까 다시 얌전한 쥐로 돌아왔어요. 좀 무섭기도 하고, 놀랍기도 하더라고요. 이 영상에서 자극한 뇌 영역이 시상하부라고 했어요. 이 영역이 뇌에 존재하는 '분노 통제소'라고 볼 수 있대요.

비닐장갑을 공격하고 있는 생쥐
(Annegret L. Falkner et al., 2014)

• 시상하부 •

시상하부는 뒤통수 아래, 목덜미 부근에 위치한다고 볼 수 있으며, 뇌의 아래쪽 면에 달려 있다. 그 크기가 아몬드 한 알 정도로 매우 작은 이 기관은 신경계와 내분비계를 연결하고 있다. 다양한 신경호르몬을 만들기도 하고, 체온이나 배고픔, 수면 등 생명 활동에 매우 중요한 기능을 조절한다.

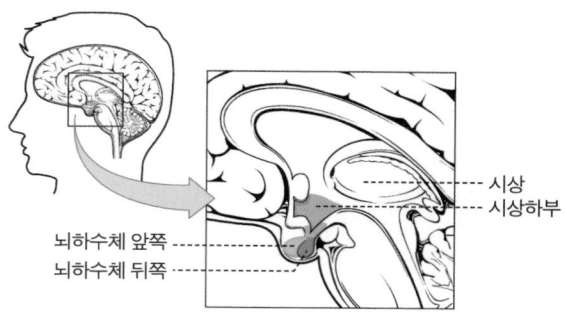

엄마 | 어머 신기하다. 엄마는 고양이 머리에 전선 같은 걸 연결한 영상 본 적이 있는데, 혹시 같은 걸까?

호준 | 네 맞아요. 저 그 영상도 봤어요. 엄마가 보셨다는 영상이 원조예요. 고양이를 이용한 그 실험은 1920년에 스위스의 헤스(W. R. Hess) 박사가 했던 거예요. 헤스 박사가 고양이의 시상하부에 가는 전극을 연결해서 인위적으로 자극을 했대요. 재미있는 점이, 자극을 약하게 줄 때는 고양이가 털을 곤두세우고 구석으로 달아났대요. 이런 반응은 포식자가 공격을 해올 때 보이는 반응이래요. 그리고 자극을 더 강하게 했더니, 이번엔 허공에 대고 발길질을 하며 사냥할 때처럼 적극적으로 공격을 하기 시작했고요. 제가 본 쥐 영상이랑 마찬가지로, 자극을 중지하면 그 즉시 공격적인 행동을 멈추었대요. 사실 달아나기 전에 털을 곤두세운 것도, 발길질을 한 것도 모두 공격적 행동이잖아요? 그래서 이걸 보고 사람들이 시상하부라는 영역 전체가 분노를 조절한다고 생각했대요.

엄마 | 하지만 약한 자극을 주었을 때와 강한 자극을 주었을 때 나타난 공격성은 분명 차이가 있는 것 같지 않니?

시상하부에 자극을 받고 공격성을 보이는 고양이
(Gordon J. Mogenson et al., 1980).

호준 | 네. 그게 1960년대가 되어서야 밝혀진 건데요, 공격성에도 두 가지 종류가 있대요. 시상하부의 중심부가 방어를 위한 공격성, 바깥쪽 부위

가 먹이 사냥을 위한 공격성을 나타나게 한대요. 엄마가 말씀하신 사냥을 위한 공격성은 시상하부의 바깥쪽 부분이 관장하는 거죠. 시상하부의 중심부가 관여하는 방어를 위한 공격성이 나타나는 데는 시상하부 말고 편도체라는 영역의 역할도 중요하대요.

엄마ᅵ 편도체는 공포나 두려움을 느낄 때 활성화되는 영역 아니야? 위험한 상황에 빠지기 전에 외부의 위협을 먼저 감지하는 망루 같은 영역이라고 들은 것 같아.

호준ᅵ 네, 맞아요. 연구자들이 붉은털원숭이들 중 서열 1위인 녀석의 편도체를 제거했더니, 금세 이 원숭이가 서열의 최하위로 내려가더래요. 서열 2위였던 원숭이가 이 원숭이의 태도 변화를 알아채고 1위 자리를 얼른 가로챘고요. 편도체가 제거되고 나자 서열 1위였던 원숭이가 더 이상 자신을 위협하는 하위 서열의 원숭이들에게 대항을 하지 않게 된 거예요. 서열 1위라는 자신의 위치를 지키기 위해서는 화를 내서 상대를 먼저 겁주거나 덤벼드는 상대를 위협해야 하는데, 이때 편도체가 중요한 기능을 했다는 거죠. 또 인위적으로 편도체를 자극하면 동물들은 동요하는 반응을 나타내기도 하고, 겁에 질려서 공격적인 행동을 보인다는 것도 관찰했대요. 편도체가 두려움을 느끼는 것뿐 아니라, 불안감같이 두려운 감정에 대한 반응을 나타내는 데에도 관여를 하는 것 같아요.

엄마ᅵ 그래서 그랬구나. 20세기 초에는 신경증 증세가 있거나 심한 불안 증세를 보이는 환자들의 편도체를 제거하는 외과 수술이 시행되기도 했어. 옛날 영화에 보면 정신분열증이나 불안 증세를 보이는 환

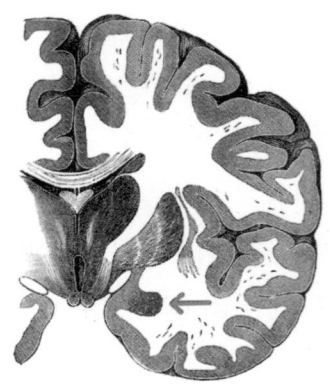
화살표가 가리키는 부분이 편도체

자들의 뇌 조직 일부를 제거하는 수술 장면이 나오기도 하는데, 그런 수술이 진짜 있었다는 거야. 그때 사람들이 편도체를 제거하면 공격성, 불안 증세가 사라질 거라고 믿었기 때문이지. 왜 그랬나 했더니 시상하부나 다른 영역에 대해서는 잘 모르는 상태에서 편도체에 대한 단편적인 지식만 받아들여서 그랬나 봐.

· 편도체 ·

편도체도 시상하부만큼 작은 영역이다. 편도체는 뇌의 양쪽에 하나씩 위치하며, 측두엽의 깊숙한 안쪽에 존재한다. 이 영역의 영문 이름은 amygdala인데, 그리스어로 '아몬드'를 의미하는 amygdalā에서 유래했다. 실제 그 생긴 모양이 마치 아몬드 알처럼 생겼기 때문이다. 이 영역은 특히 공포라는 감정을 느끼고, 그에 대해 반응하는 데 중요한 역할을 한다고 알려져 있다.

호준ㅣ 큭큭. 저 방금 든 생각인데, 아까 엄마가 호섭이한테 등짝 스매시 날릴 때, 엄마는 시상하부 바깥쪽, 호섭이는 편도체가 활성화된 게 아닌가 싶네요. 푸하하!

엄마ㅣ 그래? 호준이가 까부니까 엄마의 시상하부 바깥쪽이 또 활성화되려는 것 같으네?

호준 ' 아, 엄마 잠깐! 그런데 이렇게 공격적인 행동을 하는 게 사실 남는 게 없어요. 화가 나거나 공격적인 행동을 하는 데 중요한 역할을 하는 물질이 하나 더 있어요. 세로토닌이라는 건데요, 세로토닌이 제대로 작용하지 못하면 더 공격적이 된대요. 그럼 세로토닌이 잘 작용하는 사람은 공동체에서 서열이 높아질까요, 낮아질까요?

엄마 ' 음…… 아까 공격성을 잃어버린 원숭이랑 같은 상황 아니야? 세로토닌이 제대로 작용하면 반대로 덜 공격적이 될 테니까 서열이 낮아지겠지?

호준 ' 땡! 원숭이 무리에서 관찰을 해봤더니, 세로토닌이 더 활발하게 작용하고, 덜 공격적인 수컷이 대장이더래요. 사실상 얼마나 공격적인가와 공동체 내에서 지배자가 되는지가 직접적인 연관성을 가지지는 않는다는 거죠. 어때요, 공격적 행동을 한다고 해서 남는 게 없죠?

엄마 ' 어머 그래? 공격적이라고 해서 리더가 되는 게 아니구나. 하긴 사람들도 보면 무조건 힘 센 사람보다 자기편을 잘 만드는 사람이 리더가 되긴 하지.

호준 ' 어, 그 말이 딱 맞아요. 대장이 된, 세로토닌이 활발하게 작용한 원숭이의 행동을 봤더니, 암컷 원숭이들을 다 자기편으로 만들었더래요. 세로토닌의 역할은 공격성이나 화 자체라기보다 그것을 얼마나 잘 조절하고 제때 표현하는가 하는 능력과 더 관련되어 있는지도 모르겠어요.

정말 배가 고프면 화가 날까?

엄마 | 그렇구나. 그런데 호준아 엄마가 알기로 세로토닌은 배고픈 거랑도 관련이 있는데? 혹시 너무 화가 나면 밥이 잘 안 넘어가는 게 세로토닌이랑 상관있니?

호준 | 네? 하하, 맞아요. 세로토닌이 배고픔이랑도 관련이 있긴 하죠. 근데 엄마, 어떤 사람들은 반대로 배가 너무 고프면 화가 난다고도 하지 않아요?

엄마 | 그래, 그런 사람들도 있지. 순서가 반대라 그렇지 배고픔, 화가 남. 결국 같은 얘기 아닌가?

호준 | 배고픔과 분노가 전혀 관계가 없는 건 아닌데요, 배고픔을 조절하는 뇌세포랑 분노를 조절하는 뇌세포가 달라요. 세로토닌이 아까 분노를 통제한다고 했던 시상하부에서 분비되는데, 시상하부는 크기가 매우 작아요. 크기는 매우 작지만 그 안에 분노와 배고픔을 조절하는 통제소가 모두 위치해 있어요. 같은 시상하부에 위치해 있긴 하지만 화난 감정을 조절하는 세포들이랑 배고픔을 조절하는 세포가 같은 세포는 아닌 거예요. 마치 빨간 구슬이랑 파란구슬을 한 주머니 안에 넣고 막 흔들어 섞어도 걔네들끼리 뒤섞여 보라색 구슬이 되는 건 아니 듯이요. 같은 건물 안에 두 개의 통제소가 있긴 한데, 두 통제소가 분리된 사무실을 쓰는 셈이죠.

이렇게 배고픔과 분노를 조절하는 세포는 서로 다른 녀석들이긴 한데요, 이 두 가지가 뭔가 연관되어 있을 거라고 생각하는 사람들이 생

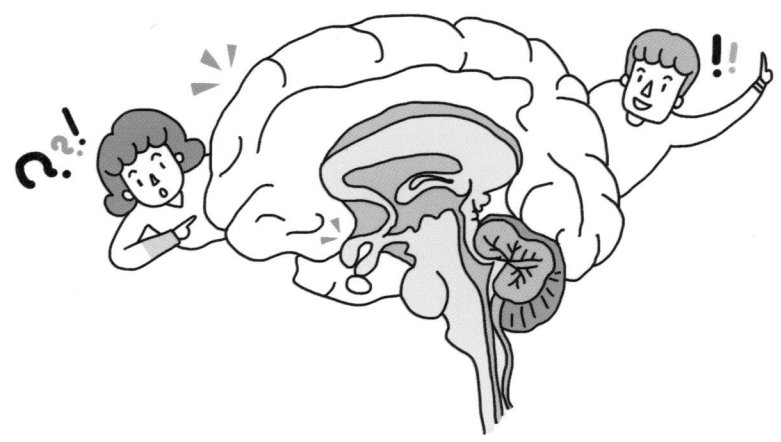

각보다 많았나 봐요. 영국 과학자들이 정말 그 둘 사이에 연관성이 있는지 연구를 했대요. 화가 나는 감정을 조절한다고 알려진 세로토닌은 배가 고플 때 덜 만들어지거나 그 활성이 떨어진다고 하더라고요.

시상하부는 다른 뇌 영역과 소통하면서 화가 나는 감정을 조절해요. 그중에 아까 얘기한 편도체라는 곳이랑 뇌에서 이마 쪽 부분인 전두엽 영역이 중요해요. 편도체는 외부에서 위협이나 공격이 들어올 때 그것에 반응해서 나도 공격적인 행동을 취하도록 만들어주는 곳으로 두려움, 그에 대한 공격성을 표현하는 곳이고, 이 감정 표현을 어느 정도로 할지 조절하는 곳이 바로 전두엽이에요. 전두엽이랑 편도체 사이에서 의사소통이 잘되어야 분노, 공격성 표현을 적절히 할 수 있게 되는데, 이때 이 둘 사이의 의사소통이 이뤄지는 과정에서 세로토닌의 역할이 필요하고요. 세로토닌의 활성이 떨어지면, 둘 사이의 의사소통이 잘 안 되면서 뇌가 화를 잘 조절하지 못하고 막 분출하게 될 수도 있다는 거죠.

엄마 | 그러면 배가 고플 때 세로토닌의 활성이 떨어지고, 부족한 세로토닌 때문에 전두엽과 편도체 사이에 의사소통이 원활이 안 되면서 화를 잘 조절하지 못할 수도 있겠구나. 복잡하지만 재밌네, 호호.

4장

아낌없이 주는 마음
이타심

후배 | 으아, 선배 이러다 막차 놓치겠어요! 얼른 뛰어가요!

호준 | 벌써 시간이 이렇게 됐어? 얼른 가야겠다. 내일 봐! 짐 정리 잘하고~

호준이는 허겁지겁 지하철역을 향해 뛰어간다. 플랫폼에 도착하자 마지막 열차가 막 들어온다. 노곤했는지 호준이는 자리에 앉아 바로 잠이 들어버렸다. 누군가 흔들어 깨우길래 눈을 떠보니 종착역이다.

기관장 | 학생, 많이 피곤했나 보네. 여기 종착역이야. 집이 어디에요?

호준 | 으아…… 종점이에요? 망했다……. 깨워주셔서 감사합니다. 하…… 택시비까지 깨지게 됐네.

기관장 | 어이구, 졸다가 역을 놓쳤구먼. 우리 아들 같은데 딱하네. 학생 이걸로 택시비 해.

호준이는 멍한 정신으로 기관장 아저씨가 내민 돈을 받으며 고개를 꾸벅 숙인다.

호준 | 어엇, 아…… 안 그러셔도 되는데. 가, 감사합니다.

세상은 각박해져도 등은 밀어야지

집에 들어오니 자정이 훌쩍 넘어 있다. 늦은 시간인데도 부모님은 거실에서 텔레비전을 보고 계셨다.

엄마 | 어머~ 저게 웬일이래. 요즘 세상이 너무 흉흉해. 사람들 마음이 저렇게 각박해져서 원…….
아빠 | 그러게 말이야. 어떻게 저럴 수가 있지?
호준 | 왜요? 무슨 일이 있었대요?
엄마 | 저거 봐라, 저거. 택시기사가 손님을 태우고 운전하고 가다가 갑자기 심장마비가 왔대. 근데 손님들이 그렇게 쓰러진 택시기사를 그대로 내버려두고는 내려서 다른 택시를 잡아타고 갔다지 뭐니.
호준 | 네에? 정말요? 어떻게 그럴 수가 있죠? 119에 전화만 한 통 해 줬어도 되는데 왜 그랬지? 아…… 너무 안타깝다!

아빠 그래 요즘엔 저렇게 자기밖에 모르는 사람들이 많다니까. 길 가다가 누가 좀 도와주길 바라서도 안 되고, 내가 누구 모르는 사람 도 와주기도 겁나는 세상이야. 옛날엔 십시일반이니 품앗이니 하는 게 당 연한 얘기였는데.

엄마 그러게나 말이야. 에휴……. 세상이 아무리 변해도 우리는 그 러지 말아야지. 너무 각박하다. 저 뉴스에 나온 사람들 다 자기 이익 챙기는 데 급급해서 그런 거 아니겠어. 자기 시간 조금 나눠 쓰고, 조 금만 손해 보는 걸 참으면 다른 사람을 위하는 행동을 쉽게 할 수 있는 데 말이야. 손해 조금 보는 게 그렇게도 못 참을 일인가 싶어. 나는 아 니라고 보거든. 여보, 내가 오늘 대중탕에 다녀왔는데, 모르는 할머니 등을 좀 밀어드렸어. 예전에는 목욕탕 가면 옆자리 앉은 아줌마들끼리 서로 등 밀어주고 잘 그랬는데 요즘은 그런 것도 없어. 요즘은 풍경이 완전 달라졌어. 오늘 그 할머니도 말이야, 혼자 오셔서 등을 어떻게 미시겠어. 힘도 하나도 없으신데. 그래서 내가 할머니 제가 등 좀 밀어드릴게요, 그랬거든. 그랬더니 아휴, 자기는 내 등 못 밀어준다면서 아주 손사래를 치시는 거야. 제 등 밀어주실 필요 없다고, 우리 엄마 같아서 내가 밀어드리고 싶어 그런 거라고 아무리 그래도, 듣지도 않으셔~ 그냥 됐대, 무조건. 아주 손사래를 치고 내 팔을 밀치고, 좋은 일 한 번 하기가 이렇게 쉽지 않다.

아빠 ¦ 그랬어? 다들 잘 모르는 사람이 친절을 베풀려고 하면 뭔가 바라는 게 있다고 생각하나 봐.

엄마 ¦ 그런지도 모르지. 뭐, 단순히 너무 미안해서 그러셨을 수도 있고. 어쨌든 그렇게 실랑이 하다가 결국엔 밀어드리고 오긴 했어. 그 어려운, 남 도와주는 일을 내가 했다. 대단하지? 호호호.

아빠 ¦ 그래요. 당신 참 좋은 일 했네. 도움이 필요한 사람이 있으면 도와주고 그렇게 살아야지. 이타적인 게 별 게 아닌데. 세상이 참 이상해, 그치?

쥐돌이 구출작전

호준 ¦ 와, 우리 엄마 진짜 대단하다. 최고! 근데 아빠랑 엄마 오늘 늦게까지 텔레비전 보시네요.

아빠 ¦ 응. 다큐멘터리인데 마침 이기적인 사회가 주제라고 해서.

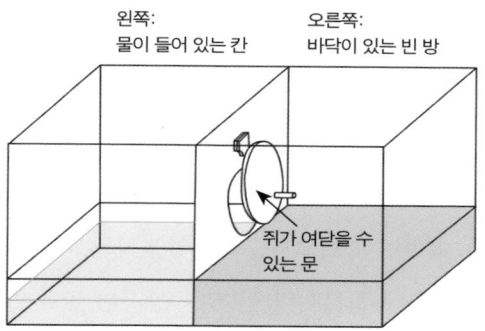

왼쪽:
물이 들어 있는 칸

오른쪽:
바닥이 있는 빈 방

쥐가 여닫을 수
있는 문

물에 빠진 동료 쥐를 구출하는 실험에 쓰인 장치(Noboya Sato et al., 2015)

텔레비전 프로그램에서는 쥐를 이용한 이타적 행동 실험이 소개되고 있었다. 실험자가 나와 쥐 한 마리를 두 칸으로 나뉜 상자에 넣었다. 실험자는 쥐를 오른쪽 칸에 넣었는데 왼쪽 칸에는 물이 들어 있었고 두 칸 사이에는 문이 있었다. 쥐는 이 문을 열 수 있어서 자유롭게

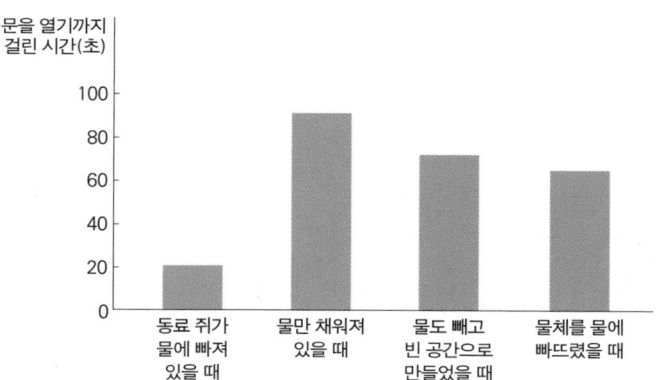

물에 빠진 동료 쥐를 구하는 실험의 결과. 막대 그래프는 물이 든 방의 문을 여는 데까지 걸린 시간이다(Noboya Sato et al., 2015).

양쪽 칸을 이동할 수 있었다. 당연히 물이 있는 곳에 들어가면 빠지기 때문에 쥐는 왼쪽 칸으로 잘 이동하지 않았다. 그런데 다른 쥐 한 마리를 물에 빠뜨리자 쥐는 빠르게 물에 빠진 쥐를 구하러 왼쪽 칸에 들어 갔다.

연이어 다른 실험이 소개됐다. 이 실험에서도 쥐가 등장했다. 이번에는 실험상자 가운데에 문이 달린 작은 상자가 놓여 있었는데, 그 안에 한 마리 쥐가 갇혀 있었다. 또 다른 쥐 한 마리는 실험상자 내부를 자유롭게 돌아다니고 있었다. 문이 달린 작은 상자는 바깥쪽에서 쥐가 열 수 있는 구조로 되어 있었는데, 다른 쥐가 갇혀 있는 것을 본 자유로운 쥐는 문을 열어 친구를 풀어주었다. 실제로 과학자는 쥐가 우연히 상자와 문에 대한 호기심 때문에 장치를 건드리다가 문을 열어준 것은 아니라고 설명했다. 문이 닫힌 상자를 비워두었더니 쥐는 이 상자에 특별한 관심을 보이지 않고 실험상자 안을 자유롭게 돌아다니기만 했다.

가운데 상자에
친구 쥐가 갇힌 상황

쥐가 바깥쪽에서
문을 열 수 있는 구조

가운데 들어가는 상자의 모양

가운데 상자가 비어 있고,
두 마리 쥐가 자유롭게
풀어놓아진 경우

상자에 갇힌 친구 쥐를 구출하는 이타심 실험 장치(Inbal Ben-Ami Bartal et al., 2011).

연구자들은 한 걸음 더 나아가 초콜 릿을 이용해 쥐를 시험에 들게 했다. 이 번에는 문이 달린 작은 상자를 두 개 넣 어서, 하나에는 쥐 한 마리를 가둬두고 다른 상자에는 초콜릿을 몇 개 넣어둔 것이다. 놀랍게도, 자유롭게 놓아둔 쥐 는 초콜릿을 먹기보다 상자에 갇힌 친 구를 먼저 구해주는 선택을 했다. 게다 가 친구를 구해주고 난 쥐의 절반 정도

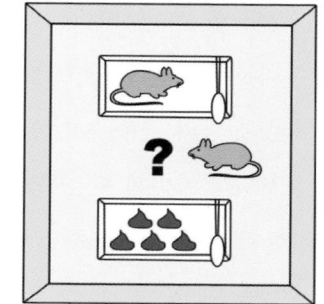

초콜릿 vs 친구
쥐가 먼저 구한 것은?

상자에 갇힌 친구 쥐를 구출하는 이타 심 실험 장치(Inbal Ben-Ami Bartal et al., 2011)

가 초콜릿이 들어 있는 상자를 열어서 친구와 초콜릿을 나눠먹기까지 했다.

어떻게 보면 갇혀 있던 쥐가 빠져나가고 싶어서 소리를 지르거나 벽 을 긁는 등 친구의 주의를 끌어 문을 열게 한 게 아닌가 의심할 수도 있지만, 과학자들은 갇힌 쥐가 소리를 거의 내지 않았다고 말했다. 자 유로운 쥐가 갇혀 있는 친구를 보고 일종의 공감대를 형성하면서 구 해줬을 가능성이 높다는 것이다.

엄마 | 어머 정말 신기하다. 이타적 행동이 자기 유전자를 공유하는 개체를 돕는 거라고, 결국 자기 이익을 위한 행동이라고도 하던데 그 게 아닌가 봐. 쟤네 꼭 사람 같다.

호준 | 이타적 행동의 정의가 먼 미래에라도 자기한테 이익이 안 돌 아오고, 손해도 볼 수 있는 상황에서 타인에게 이익을 주는 행동 아니

에요? 유전자를 굳이 공유하지 않더라도요.

아빠 │ 그렇지. 하지만 야생 환경에서 동물들이 보이는 이타적 행동은 대부분 같은 공동체 내의 친족을 대할 때 관찰되었다고 알려져 있거든. 사람의 경우 특별히 그 정도가 덜한 거고. 그런데 저 실험실 쥐를 보니까 이타적 행동이라는 것이 단순히 자신의 유전자를 보존하기 위한 행동만은 아닐 수도 있겠다는 생각이 드네. 저 쥐들이 서로 얼마나 친숙한 사이인지는 명확하지 않지만 말이야.

이타적 행동의 보상

호준 │ 아까 엄마 얘기를 다시 떠올려보니까 어쩌면 이타적 행동을 하는 게 이익이 없는 것도 손해를 보는 것도 아닐지 모른다는 생각이 들어요. 엄마가 모르는 할머니 등 밀어드리고 기분이 좋고 뿌듯하셨던 게, 측정할 수는 없지만 일종의 이익 아닐까요? 정신적 이익이요.

엄마 │ 호준이 말이 맞네. 엄마보다 약한 할머니가 끙끙거리시는 걸 그냥 보고 있었으면 미안함, 죄책감 같은 부정적 감정이 들었을 텐데 할머니 등을 밀어드리고 나니까 이런 부정적인 감정은 해소되고 긍정적인 감정이 채워졌어. 팔은 아팠지만 긍정적인 감정으로 인한 이익이 팔 아픔을 해소시키고도 남았던 것 같아. 물질적인 이익이 없어서 그렇지 사람들이 이익이라고 느낄 수 있는 무언가가 있기 때문에 이타적인 행동을 하는 것이라면 이타적인 행동이 나타나는 게 당연하게 생각되네. 솔직히 말해서 나한테는 좋을 게 없고, 심지어 나쁘기까지

할 수 있는 일을 한다고 하면 이해가 잘 안 가잖아. 아무 이유 없이 자신에게 해가 되는 행동을 하게 뇌가 내버려두진 않을 것 같아.

아빠 | 중요한 얘기네. 실제로 사람은 타인에게서 긍정적인 평가를 받을 거라는 기대, 스스로에 대한 자긍심 같은 걸 중요하게 여기거든. 이타적 행동을 하는 게 사실은 손해가 아닐 거야. 우리 뇌는 항상 우리 자신에게 도움이 되는 행동을 하도록 우리를 유도하고, 또 해로운 일이 있으면 그것을 미리 피하게 만들잖아. 이타적인 행동에는 아직 우리가 모르는 이유가 반드시 숨어 있을 거야. 이타성 유전자 이런 게 발견되면 정말 재미있을 텐데. 아직 이런 성향을 나타내는 유전자가 발견되었다는 보고는 없어.

이거 말고 다른 이유는 바로 아까 호준이가 말했던 기분 좋은 느낌 같은 건데, 실제로 과학자들이 이게 이타적 행동을 일으키는 중요한 이유라고 많이들 생각하고 있어. 특히 사람의 경우, 꼭 자기 가족이나 공동체의 구성원이 아니어도 이타적인 행동을 하지 않니? 이런 경우에는 방금 설명한 것처럼 더 많은 유전자를 보존하는 방향의 선택을 한 거라고 보기는 좀 어렵지. 전혀 모르는 다른 사람이 나와 유전자를 얼마나 공유하고 있는지는 확인할 길이 없으니까. 그런데도 이타적인 행동을 하는 데는 유전자가 보존되는, 진화적인 이익 외에 분명 다른 이익이 있기 때문일 텐데, 그게 바로 정신적인 보상이라는 거지. 그런데 이 정신적인 보상이라는 건 측정할 수 있는 방법이 없잖아? 그래서 아직 추측만 하고 있고. 정말 '이타적 유전자' 같은 게 발견된다면 재미있긴 하겠다, 그치? 이기적인 사람들한테 이타적 유전자를 발현시켜서 더 살기 좋은 세상으로 만들고 말이야. 하하하.

· 이타적 뇌 이론 ·

신경과학자 도널드 파프(Donald W. Pfaff) 박사는 '이타적 뇌 이론(Altruistic Brain Theory)'을 제시하기도 했는데, 그 역시 특정 뇌 영역을 지목하기보다 이 이론을 통해 이타적인 행동이 이뤄지는 과정이나 원인에 대해 고민하고 있다. 그는 이타적 행동이 일어나려면 나와 상대방을 동일시해서 상대방이 얻게 될 이익도 나에게 좋은 것이라고 판단하게 되는 과정이 중요하다고 말한다. 즉 타인과 공감하고 타인의 처지를 이해하는 능력이 이타적 행동을 일으키는 데 중요하다는 얘기다. 그래서 감정적으로 상대방과 교감하는 경우 이타적인 행동이 더 잘 나올 수 있을 것이라고 추측되기도 한다.

이타심을 유발하는 뇌 영역에 대해서는 구체적으로 밝혀진 바가 없다. 도덕심이나 복잡한 의사결정 과정에서와 마찬가지로 이타심 역시 감정을 관장하는 영역과 의사결정을 관장하는 영역을 비롯한 다양한 영역이 복합적으로 작용하여 만들어지는 것이리라 짐작된다.

사람뿐 아니라 동물에게서도 이타적인 행동을 유발하는 뇌 영역에 대해서는 구체적으로 밝혀진 바가 없다. 실험실 쥐에게서 이타적인 행동을 관찰한 연구는 여럿 있지만 대부분의 경우 쥐의 행동만을 관찰했고 어떤 뇌 영역의 작용으로 쥐가 이 같은 이타적인 행동을 보였는지는 밝히지는 않았다.

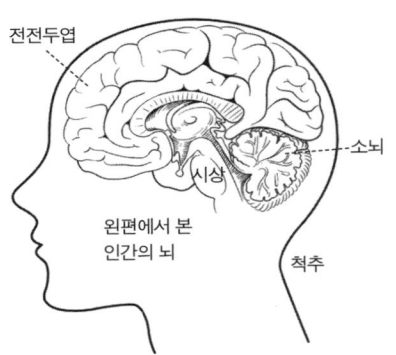

전전두엽
소뇌
시상
왼편에서 본
인간의 뇌
척추

도널드 파프 박사는 의사결정을 관장하는 전전두엽 영역이 이타적 행동을 유발하는 데 중요한 역할을 할 것이라고 제안했다.

호준 ┃ 이타적 유전자, 왠지 있을 것만 같아요. 저 오늘 후배 자취방 이사하는 거 도와주다가 지하철 막차를 탔는데요, 오다가 잠들어서 종점까지 간 거예요. 그런데 기관장 아저씨가 저 깨워주시고는 택시비를 주셨어요. 집까지 조심히 가라고요. 다시 만날 일도 없는데 처음 보는 학생한테 그런 도움을 주시고…… 그 아저씨 생각하니 정말 이타적 유전자를 가진 사람이 있을 것만 같아요.

아빠 ┃ 와, 그랬구나. 기관장님이 정말 멋지시다. 그런 분들이 세상에 더 많았으면 좋겠구나.

5장

가는 정이 있어야 오는 정도 있다
호혜관계

널 돕는 덴 다 이유가 있어

후배 | 어 형! 혼자 뭐하세요? 제가 도와드릴게요!

호준 | 응? 안 도와줘도 괜찮아~

후배 | 아니에요, 이거 엄청 무거워 보이는데. 저기 뒤에 있는 상자도 다 옮기는 거죠?

호준 | 어 맞아. 하하. 고맙다. 저거 두 개만 옮기면 돼.

후배 | 형 근데 이거 뭐예요?

호준 | 응. 이번에 우리 과 축구팀이 리그 우승했잖아. 그거 기념할 겸 만든 축구공이야.

후배 | 오, 정말요? 저도 하나 가져가도 돼요?

호준 | 뭐? 하하하. 이거 이번에 봉사활동 가서 애들 나눠줄 거야. 너도 이번에 같이 가볼래? 한 번도 안 가봤지? 갔다가 남으면 하나 가져.

후배 | 하⋯⋯ 하하⋯⋯ 저는 다음에 같이 갈게요.

재민 | 어, 너 여기서 뭐하냐?

후배 | 안녕하세요, 형. 호준이 형이 이거 혼자 옮기고 계시길래 도와드렸어요.

재민 | 오~ 웬일이야? 호준이한테 커피라도 한 잔 얻어 마셔.

후배 | 헤헤, 괜찮아요. 저번에 호준이 형이 저 자취방 이사할 때 도와주셨어요.

재민 | 아~ 빚 갚은 거구나? 호준아 저 상자는 다 뭐야?

호준 | 축구공 왔어. 진짜 커피 한 잔 사줄게, 지금 수업 가니?

후배 | 진짜 괜찮아요. 지난 번에 이사 도와주신 거 갚은 거예요. 헤헤. 저 가보겠습니다!

재민 | 그래 잘 가~

후배가 과방을 나서는 걸 확인하더니 재민이는 과방 문을 꼭 닫는다.

재민 | 야, 너 쟤랑 원래 좀 친했어?

호준 | 같은 과 후밴데 친하지. 너도 친하잖아.

재민 | 난 뭐, 잘 모르겠네. 조심해. 쟤 계산 확실하기로 유명하잖아.

호준 | 계산? 에이, 야박하게. 그럼 진짜 내가 이사 좀 도와줬다고 냉큼 도와준 거라는 말이야? 너도 나 혼자 박스 옮기고 있는 거 봤으면

당연히 도와줬을 거잖아.

재민 | 푸핫, 야 내가 괜히 사람 의심하는 걸로 보이냐? 원래 다 주거니 받거니 하는 거야. 동물들도 그러는데 사람이라고 안 그러겠어?

가는 정이 있어야 오는 정도 있다

재민 | 너, 사람뿐만 아니라 동물들도 도움을 주거니 받거니 하는 건 알지? 한쪽에서 도움을 주기만 하는 게 아니라 내가 도움을 주면 반대로 도움을 받게도 되는 관계 말이야.

호준 | 응, 알지. 한쪽에서 도움을 주기만 하는 건 거의 사람한테서만 보이지 않나? 이타적인 거.

재민 | 이타적인 행동이 다른 동물보다 사람한테서 많이 보이긴 하지. 그렇지만 사람한테서도 이타적인 행동보다는 쌍방이 도움을 주고받는 호혜적 행동이 더 많이 보이지. 근데 이 호혜성이라는 게 생각보다 좀 까다롭거든. 무슨 칭찬 릴레이처럼 내가 누군가한테 도움을 받고 나면 또 다른 누구에게 도움을 전해주는 식이 아니라 꼭 나한테 도움을 줬던 사람한테 도움을 되갚아주는 거니까.

호준 | 푸흡. 그런 거 일일이 기억하고 따지는 사람들이 있긴 하다만 동물들도 그런다고? 그건 치사하지 않아? 큭큭.

재민 | 진짜라니까? 오늘 계속 내 말을 안 믿네 얘가. 너 저 후배 놈 만난 지 얼마나 됐어. 겨우 한 학기야. 나는 20년지기 친구라고. 내 말을 믿어야 너한테도 득이 된다. 침팬지 얘기를 해주지. 침팬지는 무리 지

서로 털을 골라주는 침팬지

어 살면서 서로 호의의 표시로 털을 골라준대. 이건 텔레비전에서 많
이 나와서 알지? 과학자들이 서아프리카에 사는 침팬지 무리에서 이
털 골라주는 행동을 관찰해봤는데, 진짜 신기한 게 서로 털을 골라주
는 애들끼리만 골라줬다는 거야.

　호준 ┃ 정말? 내 털 골라줬던 녀석한테 다시 가서 털 골라주고, 한 번
도 안 골라줬던 애는 나도 안 골라주고. 그렇게 골라주던 짝끼리만 계
속 털을 골라줬다고?

　재민 ┃ 응, 그렇다니까. 그것도 시간이 지날수록 점점 더. 침팬지 무리
는 되게 오랫동안 안정적으로 유지되는데, 그 안에서 서로를 구분할
줄 안다고 알려져 있대. 그래서 누가 내 털을 골라줬는지를 기억해뒀
다가 나중에 그 침팬지한테 가서 털 고르기 보답을 하는 거지.

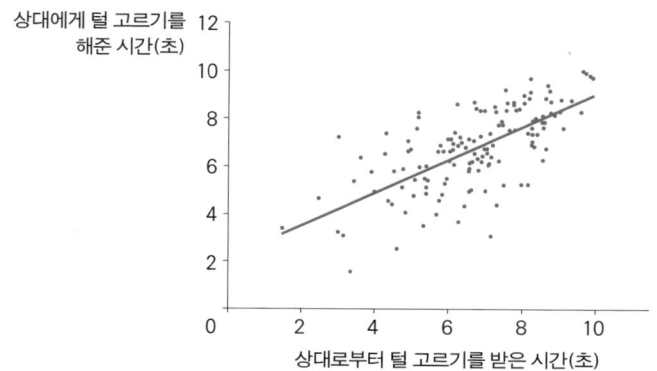

특정한 짝에 대해 가로축은 털 고르기를 받은 시간, 세로축은 털 고르기를 해준 시간이다. 두 값이 비례하는 것을 통해, 침팬지는 나에게 털 고르기를 해준 상대에게 다시 털 고르기를 해준다는 것을 알 수 있다(Cristina M. Gomes et al., 2009).

호준 │ 푸하핫, 진짜 신기하다. 그럼 아까 후배가 침팬지처럼 내가 도와줬던 걸 기억했다가 날 도와줬단 얘기야? 다른 사람이었으면 안 도와줬을 거고?

재민 │ 굳이 직접 비교를 하자면 그렇겠네. 만약 내가 혼자 상자를 옮기고 있었다면 못 본 척 멀찌감치 돌아가거나 했을걸? 너 진짜 무서운 게 뭔 줄 아냐? 그 침팬지들이 먹이 나눠먹는 걸 살펴봤더니, 이렇게 오랫동안 서로 털 고르기를 해주면서 친해진 침팬지끼리만 먹이를 나눠주고 서로 챙기더래. 먹이 있는 침팬지를 보고 다가가서 털 고르기를 해줄 수도 있잖아? 잘 보이려고? 그런 경우에는 또 먹이를 더 나눠주거나 하지 않더래. 엄청나지?

호준 │ 아, 진짜? 엄청난데? 만약에 진짜 후배가 그런 녀석이라면 오히려 좋은 거 아니야? 앞으로 계속 도움을 잘 주고받을 수 있다는 거 네. 은혜를 아는 사람이라는 거지. 너도 괜히 얄밉다고 생각하지 말고 가깝게 지내.

언제 갚을 줄 알고?

재민 | 아니지. 난 그럴 수 없지. 걔가 그렇게 은혜를 잘 안다고 해도 갚을 기회가 있어야 갚는 거 아니겠어? 호혜적 행동의 맹점이 바로 그 거야. 보답이라는 게 내가 도움을 주자마자 받을 수 있을지, 한참이 지나서야 받을 수 있을지 알 수 없는 거잖아. 그래서 너처럼 오랫동안 봐 왔고 앞으로도 자주 볼 것 같은 사람이라면 믿고 도움을 덥석 주겠지 만, 그렇지 않은 사람에게는 그러기 어렵단 말이지. 그리고 호혜적 행 동을 할 때 뇌에서 나에게 돌아오는 보상의 양을 측정하는 영역이 관 계한다는 것도 알려져 있다고.

• 뇌는 아무나 돕지 않는다 •

호혜적 행동은 나에게 이익이 전혀 돌아오지 않는 이타적 행동과 달리 언제일지는 모르지만 반드시 나에게도 이익이 돌아오는 관계에서의 행동을 말한다. 그런데 상대방 이 나에게 보답을 할지 안 할지 어떻게 알 수 있을까? 그건 생각보다 간단하다. 상대방 의 평소 행동에 따라 사회에서 알려진 평판을 알아보거나 이전에 상대와 내가 직접 상 호 작용한 경험이 있다면 그때의 기억을 떠올려보면 된다.

상대방이 협조할지 여부를 판단해서 내가 미래에 받을 보상을 계산하고, 상대에게 지금 도움을 줄지 말지 여부를 결정하는 데는 뇌의 어느 영역이 관여할까? 과학자들은 '신탁 게임'을 하는 동안 뇌의 활성을 자기공명영상장치로 촬영하여 답을 알아냈다.

신탁 게임은 두 사람이 하는 일종의 심리 게임이다. 참가자 한 사람은 투자자, 다른 사람은 수혜자의 역할을 맡는다. 진행자는 먼저 투자자에게 돈을 혼자 가질지 둘이 나눠 가질지 선택하도록 한다. 이때 둘이 나눠가지기로 선택할 경우 혼자 돈을 받는 경우보다 받을 수 있는 총 금액은 훨씬 많아진다. 하지만 돈을 나눠 갖기로 선택하면, 수혜자에게 그 돈을 정말 나눌지 자기 혼자 다 가질지 다시 선택할 기회가 주어진다. 즉 돈을 조금 더 받으려면 수혜자가 돈을 나눠 갖지 않겠다고 선택하는 경우에 대한 위험을 감수해야 한다.

실험 결과, 상대방이 나에게 보답을 하느냐 배신하느냐에 따라 뇌의 선조체 아래쪽 영역이 반응을 보였다. 내가 상대에게 도움을 베풀지 않은 경우, 투자자가 애초에 혼자 돈을 다 가지기로 결정한 경우(아래 그래프 경우3과 경우4)에는 그 활성 변화에 특별한 점이 없었다. 그런데 내가 상대를 믿고 협조한 경우, 즉 돈을 나눠가지기로 선택했는데 상대방이 나를 배신한 경우 선조체 아래쪽 부분의 활성은 급격히 떨어졌다. 반대로

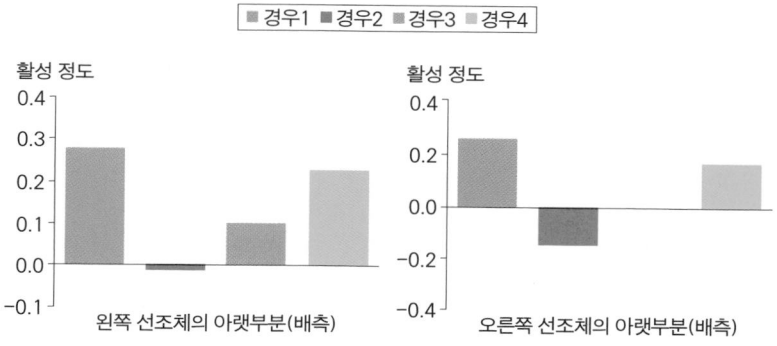

상대방이 내가 보낸 협조에 응할 경우(초록색, 경우1) 선조체 아래쪽 부분의 활성이 높게 나타났다. 내가 협조를 했는데, 상대방이 배신한 경우(빨간색, 경우2) 선조체 아래쪽 부분의 활성은 매우 떨어졌다. (경우3과 경우4는 내가 협조를 선택하지 않은 경우이다. 즉 상대에게 선택권이 주어지는 것에 의미가 없는 때이다.)

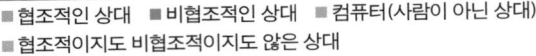

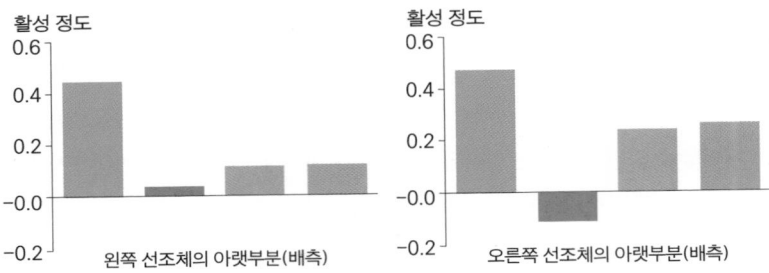

협조적인 사람을 상대할 때(녹색) 선조체 아래쪽 부분의 활성도가 높게 나타났다. 비협조적인 사람(빨간색), 협조적이지도 비협조적이지도 않은 사람(주황색)이나 사람이 아닌 상대(보라색)를 대할 때는 선조체 아래쪽 부분의 활성도가 별로 높지 않았다.

상대방도 나에게 협조하기로 선택한 경우, 즉 호혜관계가 성립된 경우는 활성이 매우 높아졌다.

투자자는 같은 수혜자와 반복해서 게임을 진행했다. 여러 번 게임을 반복함으로써 상대방이 얼마나 협조적인지에 대한 정보를 축적할 수 있게 해보니, 선조체 아래쪽 영역은 상대방이 얼마나 협조적인지에 대해서도 반응을 보였다. 선조체 아래쪽 부분의 활성은 더 협조적인 사람을 대할 때일수록 높아졌다. 반면, 배신을 잘하는 사람을 대할 때는 선조체 아래쪽 부분의 활성이 떨어졌다.

호준 │ 푸흡, 듣다 보니 너야말로 계산적이네. 도움을 주는 동시에 돌려받는 거면 사실 같은 목표를 위해서 협동하는 경우가 되는 거잖아. 따지고 보면 각자 자신의 이익을 추구하는 건데 같이 행동하는 개체의 이익과 목표가 똑같은 바람에 서로의 행동이 결과적으로는 서로를 돕는 게 되는 거. 하나의 목표를 향해 힘을 모으고 서로 돕는 '협동'은

특별한 상황인 거고 그렇지 않을 때는 '언젠가 도움을 되받을 수도 있겠지'라고 좋게 생각하며 돕고 사는 게 낫지 않냐? 언제 보답을 받을까 따지기보다 일종의 공생을 추구하는 게 더 좋지 않을까? 흰동가리랑 말미잘처럼.

재민 │ 흰동가리?

호준 │ 응. 옛날에 애니메이션 주인공으로도 나온 물고기 말이야. 주황색에 희고 검은 줄무늬 있는 귀여운 물고기. 말미잘들 틈에 집 짓고 사는 애들.

재민 │ 아~ 그 물고기 이름이 흰동가리야? 그런데 흰동가리랑 말미잘이 왜? 흰동가리가 일방적으로 말미잘을 집으로 이용하는 거 아니야? 말미잘은 흐물거리는 해초잖아.

호준 │ 푸하하! 너 오늘 나 여러 번 웃긴다. 말미잘이 해초라고? 말미잘한테 잘못 보이면 큰일 나, 독도 있는 동물이라고. 물고기들이 해초처럼 말미잘을 뜯어먹는 게 아니라, 오히려 말미잘이 독을 쏴서 물고기를 잡아먹어.

재민 │ 정말? 그럼 흰동가리도 잘못하면 잡아먹히고 그래? 뭐가 어떻게 되는 거지?

호준 │ 말미잘이 가진 독은 엄청 강력해서 한 방 쏘이면 물고기 한 마리 정도 그냥 죽게 만들 수 있

흰동가리와 말미잘

어. 근데 흰동가리는 말미잘의 독에 반응하지 않는대. 흰동가리랑 말미잘에는 종류가 여럿 있는데, 각각 궁합이 맞는 종이 있다나 봐. 아무튼 흰동가리는 말미잘 틈새에서 살 수 있는데, 강력한 독을 가진 말미잘 덕분에 다른 천적 물고기의 공격을 피할 수 있어. 천적들이 흰동가리를 쫓아오면 말미잘이 그 녀석을 독으로 쏴서 먹어버리니까. 여기서 잘 생각해봐. 흰동가리는 그냥 집으로 도망친 건데, 말미잘은 덕분에 식사를 했지. 흰동가리가 말미잘을 위한 미끼가 되어 준 셈인 거야. 그리고 악어랑 악어새처럼 말미잘이 먹이를 잡아먹고 나서 생긴 찌꺼기가 촉수 틈새에 끼게 되는데, 흰동가리가 깨끗하게 먹어서 청소해주고. 이것만 봐도 공생관계가 서로에게 얼마나 이득인지 알 수 있지 않니?

재민 ⎸ 아~ 그렇구나. 그렇지, 공생관계는 진짜 서로 이득이지. 하지만 아까도 말했듯이 그건 너와 나 정도로 가깝고 자주 보는 사이에서 생겨날 법한 관계라고 생각한다. 궁합이 맞는 흰동가리와 말미잘처럼 특수한 관계라는 거지. 그리고 공생은 호혜관계보다는 협동에 더 가까운 느낌인데? 같은 공간에서 함께 사니까 상대가 날 배신할 확률이 낮을 것 같아서 말이야. 호혜작용은 언제일지도 모르는 미래의 어느 때에 나도 도움을 받을 거라는 믿음을 가져야 하는 건데 인간 사회에서 이런 믿음을 가지고 무작정 기다리는 일은 보통 쉽지 않다는 말이지. 내 뇌가 아까 그 후배를 떠올릴 때 계산한 보상의 양은 너무도 적다 적어.

호준 ⎸ 그래 네 맘대로 해~

· 호혜적 행동 ·

호혜관계는 도움을 준 개체가 즉시 도움을 되갚아 받는 경우나 '협동'뿐 아니라, 도움을 되갚아 받기까지 시간이 걸리는 경우도 포함한다.

'죄수의 딜레마'라는 게임에서 호혜관계를 확인해볼 수 있다. 죄수의 딜레마 게임에서 나에게 즉시 큰 이익이 돌아오는 선택을 하면, 상대방은 손해를 입는다. 만약 이 같은 선택이 일회적이라면 나에게만 큰 이익이 돌아오도록 하는 게 합리적이다. 하지만 상대방과 내가 미래에 다시 상호 작용을 해야 한다면 이 선택은 장기적으로 나에게 손

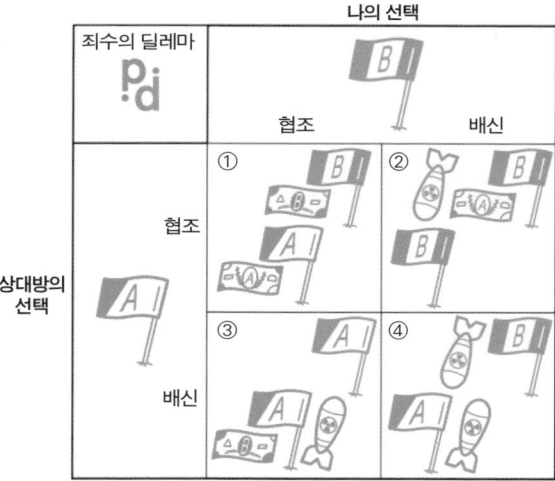

① 나와 상대방이 서로 협조하는 경우: 둘 다 적당히 좋은 결과를 얻는다(둘 다 협조하면, 내가 상대를 배신해서 혼자 이익을 차지할 때보다 보상의 양은 적을 수 있다. 하지만 둘 다 좋은 결과를 적당량 가져가게 된다).
② 나는 배신했지만 상대방이 협조한 경우: 나만 아주 좋은 결과를 얻는다. 대신 상대방은 나쁜 결과를 얻는다(상대방이 배신당함!).
③ 나는 협조했는데 상대방이 배신한 경우: 나는 나쁜 결과를 얻고 상대방은 아주 좋은 결과를 얻는다(배신당함!).
④ 나와 상대방이 서로 배신한 경우: 둘 다 나쁜 결과를 얻는다(서로 속이려다가 둘 다 망했다……이런……).

해를 가져다주게 된다. 타인이 나에게 앙갚음을 할 수 있기 때문이다. 이처럼 장기적인 이익과 손해까지 고려한다면, 타인과 내가 모두 적당한 이익을 보는 선택을 반복하는 것이 가장 합리적이다. 하지만 사실 이 경우에도 미래에 상대방이 나를 도울지 배신할지에 대해 확신할 수는 없다. 이처럼 호혜관계는 '불확실한 미래의 보상'이라는 위험을 감수하고 서로를 도와주는 관계라고 볼 수 있다.

대부분의 사람은 미래에 대한 불확실성을 알고 있으면서도 남을 돕는 행동을 한다. 이때, 언젠가 도움을 되갚아 받을 것이라는 확신이 있다면, 이 행동은 이타적 행동이 아닌 호혜적 행동이다. 호혜적인 행동을 하게 만드는 이유, 상대방과 언젠가 상호 작용을 하게 될 것이라는 생각을 단순한 기대나 순진한 믿음 정도로 보아 넘겨선 안 된다. 이는 오랜 세월 동안 복잡한 사회를 이루고 서로 끊임없이 상호 작용을 하며 살아온 인간의 경험에서 우러나온 뇌의 합리적 의사결정이다.

특히 죄수의 딜레마 게임에서는 반복적으로 두 명의 피실험자가 상호 작용을 하기 때문에 호혜적 선택을 하는 것이 장기적으로 더 크고 안정적인 보상을 가져다준다.

호혜적 행동이 나타나는 또 하나의 이유는 공정함에 대한 인식이다. 상대방을 속이거나 배신하고 나만 더 큰 이익을 취하는 것은 공정함에 대한 인식에도 배반된다. 장기적인 관점에서 상대와 나의 관계를 고려해본다면 호혜적 행동을 할 때 내리는 의사결정과 공정함을 추구하는 것은 비슷한 면이 있다. 나와 상대가 비슷하게 이익을 취하는 것, 즉 공정하게 이익을 얻는 것이 미래의 위험부담을 줄이는 일이 되기 때문이다.

'눈에는 눈, 이에는 이'가 되지 않으려면

재민 │ 그건 그렇고 내가 재미있는 얘기 하나 또 들려줄게. 야생에서뿐 아니라 실험실에서도 동물들이 호혜적 행동을 하는 게 확인됐대.

과학자들이 비단털원숭이 두 마리를 두 칸으로 나뉜 상자에 들어가

게 한 뒤 행동을 관찰해본 거
야. 상자는 벽이 투명해서 원
숭이 두 마리는 서로를 볼 수
있고, 상자 바깥도 볼 수 있었
어. 실험자는 상자 바깥에 먹
이를 놓아두고 원숭이들이
먹게 했어. 그런데 문제는 먹
이를 원숭이가 팔을 뻗어서

두 마리 원숭이가 손잡이를 당겨 서로가 먹이를 먹을 수 있게 도와주는 실험 장면(Mare D. Hauser et al., 2003).

닿을 수 없는 거리에 놓아뒀다는 거야. 먹이를 먹으려면 상자에 연결
된 막대를 잡아당겨서 먹이를 가까이 끌어당겨야 했는데, 그 막대기
에 달린 손잡이가 두 원숭이 중 한 원숭이에게만 주어졌어. 그리고 먹
이도 양쪽에 놓아둔 게 아니라 한쪽에만 놓아뒀는데, 막대기 손잡이가
주어지지 않은 원숭이 쪽에 놓여 있었어. 즉 한 마리 원숭이가 막대를
당기면 다른 원숭이가 먹이를 먹을 수 있게 되는 구조지. 왜 옛날이야
기 중에 지옥에 가면 욕심쟁이들에게 엄청 긴 젓가락을 줘서 서로 먹
여주지 않는 한 음식을 먹을 수 없게 만든다는 얘기가 있었던 것 같은
데 마치 그런 상황인 거지.

　그리고 이 실험에서 처음 몇 번은 한 마리가 도우미 역할을 하게 하
고, 다음 몇 번은 역할을 바꿔서 다른 원숭이가 도우미가 되게 했어.
먼저 도우미 역할을 하는 원숭이는 미리 혼자 상자에 들어가서 막대
를 당기면 먹이가 가까이 당겨지는 것을 학습한 상태였고, 두 번째로
도우미가 될 원숭이들은 아무도 미리 학습을 안 한 상태였지. 즉 먼저

도우미 역할을 하는 짝꿍 원숭이의 행동을 보고 배우게 둔 거야.

호준│그거 잘못하면 완전 눈에는 눈, 이에는 이 될 수도 있겠는데?

재민│그치? 재미있는 게 실제로도 실험 결과가 그렇게 나왔어. 역할을 바꾼 뒤에 보니, 두 번째로 도우미 역할을 한 원숭이는 먼저 도우미 역할을 한 원숭이가 했던 행동을 거의 그대로 보고 배웠더래. 즉 첫 번째 원숭이가 도우미 역할을 착실히 잘 수행한 경우에는 두 번째 도우미 역할을 한 원숭이도 막대를 잘 조작한 거야. 상대 원숭이가 먹이를 먹을 수 있게 도와준 거지. 그런데 상대 원숭이가 막대를 제대로 조작하지 않아서 먹이를 못 먹었던 경우는 역할을 바꿨을 때 두 번째 도우미 역할을 한 원숭이가 막대를 제대로 조작하지 않았다고 해. 보고 배울 기회가 없어서라고 주장할 수도 있겠지만, 첫 번째 도우미 역할을 하는 원숭이가 분명 막대를 당기면 먹이가 온다는 걸 모르고 안 한 경우랑 아는데 안 한 경우는 다르잖아? 사람이나 원숭이나 다 똑같은 거지. 상대방이 날 도와주지도 않는데 내가 도움만 주는 건 손해라는 걸 다른 동물들도 다 아는 거 아니겠어?

호준│오, 그거 진짜 소름 돋는다. 상대방이 언젠가 보답하겠지 생각하면서 남을 돕는 걸 무조건 야박하거나 계산적이라고 할 건 아니네. 근데 또 이렇게 생각해볼 수도 있지. 보답받는 게 이렇게 쉽지가 않은데, 입장 바꿔서 누가 이전에 날 도와줬으니 이번에 도움을 줘야겠다, 은혜를 갚아야겠다고 마음먹는 건 얼마나 어려운 일일까? 안 그래? 다 서로 돕고 도우면서 사는 거지 뭐.

6장

내 말문을 막히게 하는 그녀
언어와 의사소통

언어장애를 부르는 과제 발표

호준 │ 아 진짜, 제발 발표 수업 좀 안 했으면 좋겠다.

재민 │ 보고서 제출이어도 똑같이 싫어했을 거면서. 큭큭.

호준 │ 하긴 그렇다. 넌 참 나를 잘 알아~

호준이와 재민이는 저녁까지 거르고 과방에서 발표 준비를 하는 중이다. 아무리 대본을 쓰고 열심히 연습을 해도, 무대 앞에 서면 말인지 방구인지 알 수 없는 소리만 흘러나온다. 요즘 들어 발표며 보고서를 써야 할 일이 많아진 탓에 호준이는 말 잘 하는 사람이 세상 제일 부러워졌다. 머릿속에서는 분명 정리가 됐는데, 글이나 말로 풀어내면 모든 게 다 뒤죽박죽 엉켜버리는 이유를 도무지 모르겠다.

호준 | 재민아, 그…… 그 뭐지, 나 그…….

재민 | 뭐?

호준 | 와, 나 진짜 언어장애 왔나 봐. 그 왜 학생들끼리 모여서 같이 뭐 하는, 크큭. 우리 축구팀 같은 거. 크큭큭. 아, 내가 생각해도 웃기네.

재민 | 뭐? 동아리?

호준 | 어, 으하하하. 갑자기 무슨 동아리도 생각이 안 나지?

재민 | 아하하하 참 나. 이번엔 진짜 심했다 너. 크큭. 근데 동아리 왜?

호준 | 아, 그 후배 있잖아, 네가 계산적이라고 별로 안 좋아하는 후배. 그 후배가 스피치 동아리 활동한다 그러더라고. 나 거기 한 번 가볼까? 회원 아니어도 한 번은 가볼 수 있다던데.

재민 | 진짜? 그 동아리 좀 빡세다고 들은 것 같기도 한데. 걔 되게 열심히 사는 앤가 보다? 좀 달리 보이네. 아무튼 한 번 정도 가보는 건 나쁘지 않을 것 같다. 아니, 사실 지금 네 상태를 보면 꼭 가야 될 것 같아. 설단현상까지 오고. 크큭.

호준 | 설단현상? 그게 뭐야?

재민 | 아마 그 스피치 동아리 사람들이 알지 않을까? 미션이다, 가서 설단현상이 뭔지 알아오는 것! 푸하하하!

호준, 스피치 동아리에 가다

호준이는 정말 스피치 동아리에 가보기로 했다. 가기 전에 후배에게 간단히 설명을 들어보니 생각보다 훨씬 더 체계적인 동아리 같았다. 회원들이 실전처럼 스피치 연습을 하기도 하고 공모전도 준비하며 학기마다 프로그램을 짜서 바쁘게 활동한다고 했다. 단순히 말 잘하는 연습을 하는 모임인가 생각했던 호준이는 왠지 살짝 주눅이 드는 것 같았다. 그 낌새를 챘는지 후배가 얼른 덧붙였다.

후배ㅣ 활동량이 많을 뿐이지 어려운 건 아니에요. 처음 들어올 때부터 다 말을 잘하지도 않고요. 여러 가지 공부도 하고 목표를 가지고 공모전에도 도전해보고 그러다 보면 다들 저절로 실력이 늘어요. 저도 대단한 스펙 쌓으려고 들어온 게 아니라 말을 정말 못해서 발표수업 좀 잘해보자는 마음으로 온 거거든요. 여기서 딱 한 학기 활동하면서 이만큼 는 데는 다 이유가 있어요. 그리고 오늘은 스터디하는 날이라 진짜 부담 안 가지셔도 돼요 형. 스터디 때는 돌아가면서 발제자 한 명이 자료 준비 다 해와서 강의하는 거거든요. 나머지 회원들은 듣다가 궁금한 거 있으면 자유롭게 질문하고요. 다양한 주제 아무거나 가지고 와서 발표해요. 오늘 발표하는 누나는 좀 빡세긴 한데…… 하핫, 그래도 형 진짜 아무 걱정 마세요. 발표 내용 어려워도 내용이 중요한 게 아니라 말하는 방식을 보고 배우는 게 더 중요해요.

　　동아리 방에 도착해서 보니 생각보다 사람들 인상이 순하다. 다들
웃으면서 호준이를 반겨준다. 아마 후배가 미리 얘기를 해둔 모양이
다. 호준이는 어차피 다 같은 학교 학생인데 왜 그렇게 긴장했나 하는
생각이 든다. 어떤 여학생이 스터디 자료라며 작은 책자를 나눠준다.
눈이 마주치자 싱긋 웃어준다.

　　호준 | 헐 예쁘다.

　　호준이는 저도 모르게 혼잣말을 해버린다. 후배가 그 소리를 듣고
킥킥 웃는다.

　　후배 | 킥킥. 민이라는 누난데, 예쁘죠. 형이랑 동기일걸요? 저 누나가

회장인데 오늘 발표자예요.

민망해진 호준이는 얼른 스터디 자료로 눈을 돌리면서 말을 얼버무려본다.

호준 | 아하~ 회장이시구나. 큼큼…….

말보다 손이 먼저

후배 | 사실 저도 저 누나 처음 봤을 때 저도 모르게 예쁘다고 소리 내서 말해버렸어요. 뭐, 웃긴 일도 아니죠. 근데 형 소리 내서 하는 말보다 손으로 하는 의사소통이 먼저일 수도 있다는 얘기 들어봤어요?

호준 | 응? 수화 얘긴가? 수화도 사실 말로 하는 언어를 바탕으로 만든 거 아니야?

후배 | 아~ 수화 말고요, 사람이 아닌 동물도 쓰는 의사소통 수단에서요. 침팬지나 고릴라 같은 유인원이나 새를 보면 소리를 내서 서로 의사소통하잖아요? 소리 내서 하는 말이라고 한 게 이런 의사소통 방식을 얘기한 거예요. 그리고 손으로 하는 의사소통은 유인원이 손을 움직여서 서로 의사를 전달하는 거예요. 사실 이건 유인원 얘기가 아니라 사람도 마찬가지죠. 이렇게 대화할 때 손을 움직이는 게 의사를 전달하는 데 도움이 되니까. 음…… 보디랭귀지라고 해도 되려나? 유인원들의 경우 소리를 내는 게 어떤 의사를 전달하려는 목적이 있기

보다 감정적인 반응으로써 나타나는 경우가 많대요. 그런데 손을 움직이는 것은 감정에 덜 지배받는다고 여겨지기도 하고, 표현할 수 있는 방식도 더 다양하다고 해요. 그래서 언어라는 건 입으로 소리 내 말하는 방식보다 손동작에서 먼저 시작된 게 아닌가 한대요.

호준 | 진짜? 우아, 그거 신기하네. 정말 손으로 의사소통하는 게 진화적으로 먼저 나타난 건가 봐? 야, 너 혹시 내가 방금 감정에 휘둘려서 입으로 소리 내 말했다고 꼬집는 거냐?

후배 | 풉. 그건 아니고요. 아무튼 그렇게들 생각한대요. 사람한테서도 관찰된 게 있는데, 시각장애인이랑 정안인 사이의 대화, 또 처음 만난 두 시각장애인끼리 대화를 할 때 관찰해보면, 되게 비슷한 손동작을 하면서 대화를 한대요. 서로를 보고 따라하는 게 아니라, 손동작이 저절로 나오는데 그게 비슷하다는 거죠. 또 니카라과의 한 학교에서도 비슷한 일이 관찰됐대요. 이 학교에서는 수화를 가르치지 않았는데 농아 학생 두 명이 시간이 지나자 손동작만을 통해 완벽한 대화를 하더래요. 둘 다 수화를 어디서 배운 적이 있는 것도 아니었고요.

행동을 관찰한 결과뿐 아니라 뇌와도 연관이 있대요. 언어를 쓰는 데 우뇌보다 좌뇌가 더 중요하다고 하잖아요? 침팬지가 다른 침팬지나 사람이랑 소통할 때 보면, 실제로 좌뇌의 영향을 받는 오른손을 왼손보다 더 많이 쓴대요. 대화를 할 때가 아니면 양손을 비슷하게 사용하고요. 개코원숭이들도 서로 의사소통할 때 오른손을 더 많이 쓴대요.

호준 | 와, 좌뇌에 언어, 의사소통과 관련된 기능이 편향되어있다 보니 좌뇌가 그 움직임을 조절하는 오른손이 의사소통에 더 많이 쓰이

언어를 사용하지 않는 동물도 몸동작이나 표정을 통해 감정, 의사를 표현한다.

는 건가 보다?

후배 ' 맞아요. 그리고 개코원숭이, 침팬지, 사람에서 모두 좌뇌와 언어 발달이 이어졌을 가능성도 보여주는 거고요. 신기하죠.

후배가 말을 마치자 바로 발표가 시작됐다.

민 ' 오늘은 손님이 오신다고 해서 말하기에 대해 기본적인 이해를 도울 수 있는 자료를 준비했어요. 용어 때문에 조금 어려울지도 모르겠는데 언제나처럼 자유롭게 질문 많이 해주세요. 간단하게 설명하고 토의하는 시간 가지도록 할게요.

발표를 하는 내내 민이는 호준이를 바라보면서 친절하게 웃어준다. 어떻게 저렇게 친절할 수가 있지? 호준이는 민이에게 마주 웃어주랴, 발표자료를 보랴 정신이 하나도 없는데 어느새 발표가 끝났다. 사람들이 갑자기 박수를 치길래 호준이도 얼떨떨하게 같이 박수를 친다.

민 ' 자유롭게 토의하기 전에 오늘 손님으로 오신 분 생각 먼저 들어볼까요?

말문이 막힌다는 것

호준 ' 네? 아 어······ 음······ 그······.

호준이는 발표자료와 사람들의 얼굴을 번갈아 흘긋거리면서 할 말을 찾아본다. 발표자료에서 '설단현상'이라는 단어가 갑자기 눈에 확 들어온다. 아 이 말……! 이 말 어디선가 들어봤는데?! 아 맞다! 재민이가 미션으로 알아오라고 했던 말이다!

호준 | 그…… 설, 설단현상이 수, 수화에도 적용될까요? 하하하……
민 | 아, 설단현상이요. 그 부분까지는 오늘 발표에서 다루지 않았는데. 뒷부분까지 벌써 다 살펴보셨군요.

호준이는 약간 당황했지만 태연한 표정을 지어보려고 애쓴다. 민이도 친절한 미소를 지어 보인다.

민 | 글쎄요, 제 생각엔 가능할 수도 있을 것 같아요. 발표한 내용을 잠깐 정리할게요. 뇌가 언어를 이해하고 말을 하게 되는 과정을 설명하는 레벨트 모델은 단어의 의미적 정보를 먼저 이해한 뒤 음성학적인 변환이 일어난다고 했죠. 수많은 정신적 어휘 중 정확한 어휘 단위가 선택된 뒤에, 접미사 같은 주변적인 것들에 대한 정보가 이어 활성화되고, 음성학적으로 변환이 된다고요. 그리고 네드 사힌(Ned Sahin)의 연구팀이 뇌의 언어 중추에서 나타나는 전기적 반응을 측정해서 실제로 뇌에서 언어를 처리할 때 어휘 정보, 즉 단어의 의미를 파악하는 단계가 먼저 일어나고, 억양에 대한 정보를 파악한 뒤, 음성학적 정보를 처리하는 단계가 순서대로 일어나는 것을 확인했고요.

말씀하신 설단현상은 이 과정에서 구문적 정보, 즉 단어와 문장의 의미에 대한 정보가 음성학적 정보로 전환되는 과정이 매끄럽지 않으면 나타나는 거잖아요? 말문이 막힌다고 하죠. 머리에서는 해야 할 말, 또는 들은 말에 대해 완전히 그 의미와 맥락을 이해했는데, 그것을 음성으로 표현하는 단계에서 약간의 버벅거림이 생기는 거니까요. 실제 뇌에서 음성을 발생시키는 것과 손을 움직이는 것이 같은 과정을 거치지 않아서, 똑같은 버벅거림이 생길지는 모르겠어요. 하지만 그 의미만 놓고 보면 머리로는 완전히 의미를 이해했는데, 손으로 어떤 동작을 해야 잘 표현하는 걸까를 결정하지 못한 경우를 수화의 설단현상이라고 말할 수도 있지 않을까 하는 생각이 듭니다.

사람들이 설단현상에 대해 의견을 내기 시작했다. 호준이는 열심히 고개를 끄덕거리며 알아듣는 척을 해보지만, 정신은 이미 몸을 떠난 상태다. 토의가 시작되자 후배 역시 호준이를 챙길 여력이 없다. 한 시간이 어떻게 지나갔는지 모르겠다. 모임이 끝나고 나자 호준이는 그야말로 녹초가 되어버렸다.

· 뇌의 언어 중추, 설단현상 ·

뇌에서 언어가 어떻게 이해되는지에 대해서는 몇 가지 가설이 있다. 그중 가장 많이 얘기되는 것이 2005년 피터 하구트라는 과학자가 제안한 모델이다. 이 모델은 기억, 조합, 조절이라는 세 가지 단계로 이뤄진다. 첫 번째, 기억 단계에서는 정신적 어휘 사전, 즉 단어에 대한 정보를 담은 기억을 활용한다. 언어 사용에 이용되는 기억은 베르니케 영역(말의 뜻을 이해하는 뇌 영역)을 포함하는 좌뇌의 측두회부터 상측두구까지 퍼져 있는 영역이 관장한다. 두 번째, 조합 단계에서는 단순히 단어의 표면적 의미에서 좀 더 깊이 들어간 음운적, 의미적, 구문적 정보를 조합하여 완전한 언어의 형태를 만든다. 이 과정에서는 브로카 영역(소리 내어 말을 하게 하는 뇌 영역)이 포함되는 좌뇌의 하전두회 영역이 중요한 역

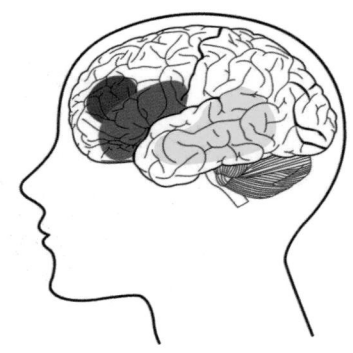

노란색 부분이 기억단계, 파란색 부분이 조합단계, 붉은색 부분이 조절단계에 관여하는 뇌 영역이다.

할을 한다. 마지막 조절 단계는 말로 표현되는 언어와 행동, 상황을 연관시키는 단계다. 사람들 간의 의사소통이 실제로 기능하기 위해 가장 중요한 단계라고 볼 수 있다. 이 단계에 관여하는 뇌 영역은 측면전두피질이 중요할 것이라고 보이는데, 아직 많은 정보가 드러나진 않았다. 측면전두피질 외에 전대상피질, 전전두엽의 겉부분도 기능할 것으로 생각된다.

　설단현상은 두 번째 조합 단계에서 뇌가 하고자 하는 말의 조합은 완성했으나, 그 조합된 말이 성대와 입을 움직여 '발설'되는 과정으로 매끄럽게 이어지지 않아 나타나는 현상으로 볼 수 있다.

멀고도 험한 달변의 길

　후배｜형 어땠어요? 아까 질문 진짜 좋았어요. 형 덕분에 오늘 토의 완전 흥했어요.

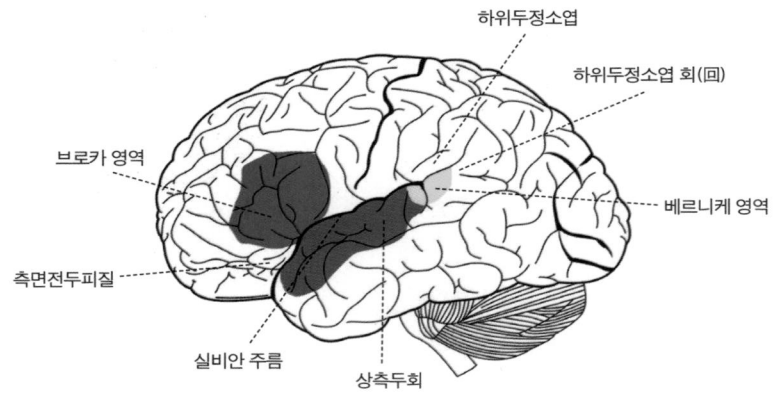

언어를 처리하는 뇌의 주요 영역들. 좌뇌에 분포해 있다.

호준│아, 그래? 하하…….

후배│또 오실래요? 다들 좋아할 거 같아요. 시간 없으시면 스터디하
는 날만이라도 몇 번 더 오세요! 저는 이쪽 방향이라, 가볼게요.

호준│으응? 하하. 나는 다, 다음학기에 생각해볼게. 고마워 오늘.

후배는 인사를 하고 반대방향을 향해 바삐 걸어간다. 멀어지는 후배
의 뒷모습을 보며 호준이는 속으로 다시는 여기 오지 않겠다고 다짐
한다. 힘이 쭉 빠진 채로 걸어가는데, 누군가가 어깨를 툭툭 친다. 헉
이럴 수가. 돌아보니 민이다.

호준│헉, 아, 안녕하세요.

민│하핫, 뭐 그렇게 놀라세요. 혹시 정문으로 나가세요? 그럼 저랑

같이 가요.

호준이는 아무 대답도 할 수가 없다. 좋기도 하고, 싫기도 하고.

민 │ 아무 대답 안 하시면 알았다는 걸로 알게요. 어떠셨어요, 오늘?
너무 어려웠죠?

호준 │ 아, 네…… 조금.

민 │ 그래도 잘 버티시던데요? 대단하세요. 하하하. 또 오세요.

호준 │ 아마 못 오지 않을까…… 하하…….

민 │ 아, 그래요? 아쉽네요. 하긴 다음 스터디에도 그 발표자료에 있
는 내용 이어서 할 거라서 별 재미는 없을지도 모르겠어요. 맥거크 효과
(McGurk effect)라고 많이 들어보셨죠? 브로드만 영역이랑 베르니케 영
역 이런 것도. 다음에 할 얘기들이에요. 뭐, 뇌에서 언어를 이해하는 데
는 세 개의 단계를 거치게 된다. 머릿속에 있는 거대한 어휘사전, 그 어
휘를 조합하는 과정, 그리고 조합된 말을 상황, 행동과 연관 짓는 과정이
라는 것. 각 과정에서 중요하게 작용하는 뇌 영역이 어디다. 이런 거요.

· 맥거크 효과 ·

1976년 영국 서리대학의 심리학과에서 재미있는 연구 영상을 공개했다. 한 사람의
얼굴이 클로즈업된 영상으로, 입을 똑바로 움직이며 뭐라고 말을 한다. 많은 사람들이
그가 '다다'라고 말한다고 대답했다. 하지만 소리를 끄고 영상을 다시 보면 '가가'라고

맥거크 효과 영상 캡처

◀ 동영상 보기

보인다. 반대로 입 모양을 보지 않고 소리만 들어보면 '바바'라고 들린다.

이 영상에서 입 모양은 실제로 '가가'라고 하고 있고, 소리는 '바바'라고 들린다. 그 두 가지 정보가 동시에 들어오자, 뇌는 혼란스러워하며 '다다'라는 언어로 결론을 내린 것이다. 소리와 영상, 즉 청각과 시각이 다른 정보를 줄 때 뇌는 그 둘을 조합하여 완전히 다른 단어로 이해하게 된다. 이러한 효과를 '맥거크 효과'라고 한다.

사람이 언어로 의사소통할 때는 크게 두 가지 감각이 중요하게 작용한다. 바로 시각과 청각이다. 소리 내어 하는 말을 듣고 이해하는 것도 중요하지만, 상대방의 입 모양을 보고 무슨 말을 하는지 파악하는 것도 중요하다. 서로 다른 감각 정보는 당연히 다른 경로를 거쳐 처리된다. 맥거크 효과는 언어를 파악할 때, 눈으로 입 모양을 보아 얻은 시각 정보와 귀로 소리를 들어 파악한 청각 정보가 서로 영향을 미치는 과정에서 나타난 것이다.

사실 맥거크 효과는 언어에 한정된 것이 아니라, 여러 가지 감각을 동시에 느끼는 '공감각' 현상에서 다른 감각 자극이 서로 어떻게 영향을 주는지 보여주기 위해 등장한 실험 결과다.

민ㅣ솔직히 스피치를 잘하는 데 있어서 이런 스터디가 뭐가 중요한 지는 잘 모르겠어요. 실전 연습하는 게 더 중요한 거 같은데, 다들 알고 좋아하긴 하니까 한 달에 한 번 정도 준비해서 공부를 하긴 해요.

참고로 아까 드린 그 책자는, 한 학기 전체 분량이에요. 후후. 어 벌써 정문이네. 저는 여기서 친구 만나기로 해서 좀 있다 갈게요. 다니다 마주치면 인사해요! 안녕히 가세요!

　　호준이는 떨떠름한 표정으로 민이에게 인사를 하고 돌아선다. 도대체 무슨 말을 하는지 하나도 못 알아듣겠다. 브로드만이니 베르니케니, 맥거크니 하는 이름들. 전 남자친구 이름이야 뭐야? 집으로 가는 지하철에서 호준이는 아까 받은 책자를 살펴본다. 여전히 무슨 말인지 모르겠다. 말 잘하는 길은 참 멀고도 험하구나. 원래 살던 대로 재민이랑 밤새워 준비하며 살아야지 하고 생각한다.

7장

뇌는 부끄럼쟁이
사회적 감정 ① 수치심

우울한 이 마음

호준이는 우영이와 함께 재민이의 마지막 시험이 끝나기를 기다리
며 과방에서 보드 게임을 하고 있다. 학기말 시험까지 모두 끝나서 한
참 신나 있어야 하는데 호준이는 어딘지 모르게 기운이 없어 보인다.
혹시 시험을 망쳐서 학점 걱정이 되어 그런 걸까? 우영이는 직접 물어
보지도 못하고 눈치만 슬슬 본다.

호준 │ 아휴……

호준이가 갑작스럽게 내쉰 한숨에 우영이는 움찔 놀란다.

우영 │ 어이쿠, 깜짝 놀랐네. 저기…… 호준아 너 무슨 일 있어? 아까 부터 내내 기운이 없어 보인다.

호준 │ 야, 우리 바다 갈래?

난데없는 바다 얘기에 우영이는 할 말을 더욱 잃어버리고 만다. 고개만 절레절레 흔드는 우영이를 보고 호준이가 멋쩍은 듯이 덧붙인다.

호준 │ 에휴, 네 얼굴에 딱 이렇게 쓰여 있다. "정신 나간 녀석." 맞냐? 하하……. 학기는 끝났고 방학 됐으니 신나고 좋아야 하는데 왠지 허전하다. 이번 학기에 결국 새로운 거 하나 못한 것 같아서 왠지 헛헛해.

우영 │ 갑자기 철든 소리 한다, 너. 그래서 그렇게 기운 빠져 있는 거야? 가자, 바다. 나 바다 좋아. 오랜만에 바람도 쐬고. 재민이 오면 물어보고 셋이 같이 가자, 당장 오늘 밤에 갈까?

호준 │ 오~ 쿨한데? 그래 가자! 재민이가 좋다고 하면 진짜 오늘 밤에 바로 가는 거다?

재민 │ 내가 좋다고 하면 어디 가는 건데?

양반은 아니다. 말이 끝나기도 전에 과방 문을 벌컥 열고 재민이가 나타났다.

재민 │ 어디 좋은 데 가? 나는 무조건 좋아. 왜냐고? 지금 시험이 끝났거든 으하하하! 가자!

충동적으로 셋은 청량리에서 정동진까지 가는 무궁화 열차를 잡아
탔다. 기차에 오르면서 재민이가 우영이에게 말을 붙인다.

재민 | 우영아 뭔가 신나긴 한데, 시험 끝난 것 치고는 좀 과한 것 같
기도 하다? 갑자기 웬 바다야? 큭큭.

우영 | 몰라, 호준이가 좀 우울한가 봐. 시험기간이라 그런 줄 알았는
데, 시험 끝나고도 계속 쳐져 있더라고. 아까 과방에서 너 기다릴 겸 보
드 게임하는데, 한숨만 푹푹 쉬고 집중도 못하고. 그러더니 갑자기 우울
한 소리 하면서 바다 가자고 하더라. 헛헛하다는데 더 묻기도 뭣하고.

재민 | 헛헛하대? 으헛헛헛~ 참 웃기는구만. 쟤 원래 그런 애 아니니
까 자리에 앉으면 얘기 시작할 거야. 걱정 말고 가서 앉자.

기쁨의 스위치를 올려라

아니나 다를까 자리에 앉자마자 호준이가 슬슬 입을 연다.

호준 │ 학기도 잘 끝났는데 왜 이렇게 헛헛한지 모르겠다. 내 입으로 말하기 좀 웃긴데, 나 그 스피치 동아리 한 번 나가고 포기한 게 계속 찝찝하게 남아 있던 거 같아. 겁내지 말고 그냥 몇 번 더 나가볼 걸 그랬나 봐.

재민 │ 아~ 그 스피치 동아리 때문에 헛헛하다고 그러는 거야? 네 안의 슬픔이 turn up됐군.

우영 │ 헐. Turn up 기쁨.

호준 │ 그게 맘대로 되냐. 내 마음은 이미 슬픔이 장악해버린 것 같다. 머리에서는 슬프고 안타깝고 아쉬운 기억들만 계속 반복 재생되고.

재민 │ 이런 이런. 그 반복 재생하고 있는 기억이 대체 뭘까? 설마 혹시 네가 딱 한 번 갔던 그날 발표했다던 회장분 아니십니까? 민이였나 이름이? 후후.

이럴 수가. 재민이가 뭔가 잘못 찌른 것 같다. 호준이가 정말 아무 말 없이 표정이 어두워진다. 우영이가 화제를 돌리려고 말을 꺼내본다.

우영 │ 어…… 너희 그거 알아? 사람이 느끼는 감정은 뇌의 작용에 따라 분류해볼 수 있다는 거. 대표적으로 기쁨, 슬픔, 역겨움, 두려움, 분노를 꼽아볼 수 있는데, 그중 슬픔에 대해 먼저 설명해줄게. 슬픔이라는 감정을 느끼거나 슬픈 표정을 보면 뇌에서 편도체랑 오른쪽 측두극이 활성화돼. 편도체는 또 해마나 해마이랑, 전두엽, 전대상회 등 다양한 영역과 연결되어 있어서 슬픔 외의 다양한 감정을 일으키는 데에도 중요한 역할을 해.

계속해서 심한 슬픔을 느끼면 우울증이라고 하지. 우울증 증상을 보이는 사람들의 뇌를 관찰해봤더니 편도체와 안와전두피질, 시상하부 영역이 평균 수준보다 훨씬 활성화되어 있었대.

· 뇌가 느끼는 감정 ·

사람은 기쁨, 슬픔, 분노, 공포, 역겨움을 비롯한 다양한 감정을 느낀다. 각각의 감정은 뇌에서 특정 영역의 활성 정도가 변함에 따라 신체 반응이 나타나는 것으로 이해할 수 있다. 어떤 감정들은 복합적으로 느껴지기도 한다.

감정을 느끼는 때에 신경전달물질의 양은 변화하고, 이는 다양한 신체 반응을 일으킨다. 감정의 변화는 주로 신체의 항상성을 유지하고, 생명을 유지하는 방향으로 일어나는데, 대부분 나 자신을 위험으로부터 보호하기 위한 방향으로 발생한다.

우울증은 특정 감정 반응이 과도하게 일어나며, 균형을 유지하는 데 실패했을

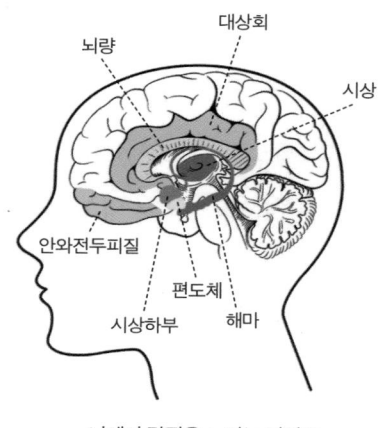

뇌에서 감정을 느끼는 영역들

때 나타나는 증세라고 볼 수 있다. 슬픔이 지나칠 뿐 아니라, 기쁨이나 다른 감정이 적절히 동반되지 못할 때 우울증 증세가 나타날 수 있다. 단순히 슬픈 감정이 나쁘다는 생각은 오해다. 특정 감정이 지나치게 많이 느껴진다는 점이 해로운 것일 뿐이다. 즉 다양한 감정이 적절한 때에 적절한 정도로 느껴지며 서로 조화를 이룰 때 건강하다고 할 수 있다.

'몰입'의 즐거움

호준 | 그럼 기쁨을 느낄 때는 어때?

재민 | 슬픔이 기쁨이나 즐거움의 반대잖아. 그러면 기쁘거나 즐거울 때는 슬픔을 느낄 때와 뇌의 활동이 완전히 반대가 되는 거 아닐까? 방금 우영이가 말한 영역들, 시상이나 편도체 같은 영역의 활성이 떨어지는 거지.

우영 | 음…… 틀린 얘기는 아니야. 우울증 증상을 보이는 사람들의 뇌를 살펴보면 도파민, 세로토닌이라는 물질의 활성이 떨어져 있다고 해. 이 두 물질은 행복감이나 안정감을 느끼게 하는 데 중요한 역할을 하거든. 활성이 떨어지면 아무래도 불안하고 슬픈 상태가 지속될 가능성이 커지겠지? 반대로 이 물질이 활성화되면 기쁨을 느낄 테고.

그런데 뇌 영역의 활성을 살펴보면 슬픔과 기쁨이 꼭 정반대라고 할 수는 없어. 기쁨을 느낄 때는 뇌에서 도파민의 영향을 받는, 연결된 여러 영역들이 활성화 돼. 이 영역들을 '보상중추'라고 부르고. 꼭 슬픔의 반대인 것처럼, 편도체 활성이 떨어진다고 해서 기쁨을 느끼는 게 아닌 거야. 각각의 감정 상태를 유발하거나 조절하는 뇌 영역, 물질 같은 게 다 따로 있는 거지.

호준│ 감정이라는 게 생각보다 복잡하네. 하긴, 슬프지 않은 상태가 기쁜 상태는 아니지. 혹시 기쁨을 좀 더 느낄 수 있는 방법은 없어? 도파민 정제 이런 거 사 먹으면 되나. 그런 게 있긴 한가?

재민│ 도파민을 어떻게 먹는 걸로 보충하냐? 큭큭. 너 혹시 몰입이라고 들어봤어? 도무지 읽을 수 없는 철자를 가진 학자가 있었는데, 칙말리인가, 아무튼. 그 사람이 기쁨, 행복을 '몰입' 상태라고 표현했다던데. 기쁨은 단순히 웃는 얼굴을 볼 때, 즐거움을 느낄 때 나타나는 반응이 아니라 무언가를 성취했을 때나 보상을 받았을 때, 기본적인 욕구가 충족됐을 때, 즉 몰입 상태에 빠져든 상태에서 느끼는 감정이라고 했대.

우영│ 푸하하하, 그 사람 엄청 유명한 사람이야. 미하이 칙센트미하이. 이름이 특이하긴 하지.

호준│ 미하이미하이? 정말 특이하네. 아무튼 즐거워지려면 그럼 어딘가에 빠져들면 된다는 거네? 그러고 보니 지금 너희랑 얘기하는 데 몰두하다 보니 슬픈 감정이 좀 사라진 것 같기도 해.

재민│ 그래? 그럼 다시 그 스피치 동아리 얘기 좀 해도 될까? 너 왜 한 번 가고 안 갔어? 이렇게 후회할 거면서.

어른이 되어도 부끄러운 건 어쩔 수 없나 봐

싱글벙글 웃던 호준이의 표정이 금세 어두워진다.

호준 │ 아…… 그게 나 그날 가서 되게 부끄러웠거든. 그 민이라는 친구가 발표하는 내용은 하나도 못 알아듣겠고, 사람들끼리 토의하는 데 끼기도 힘들고. 뭐 여러 번 가고 적응되어야 하는 문제라고 볼 수도 있지만…… 끝나고 나오는데 그 친구랑 같이 정문까지 걸어가게 됐거든. 그게 내 발목을 잡았어. 그 친구가 내가 이해를 잘 못하고 있다는 걸 꼬집는 듯한 말을 했던…… 거 같아.

재민 │ 했던 것 같다고? 아닐 수도 있다는 말이야?

호준 │ 어…… 그게, 정문까지 걸어가는 동안 그 친구가 또 어려운 말을 해서 내가 하나도 이해를 못했거든. 이미 얼이 좀 빠진 상태였기도 하고. 내가 자신감 없고 되게 소심한 상태였던 게 엄청 티가 났을 거야. 대꾸도 안 하고 멍한 표정으로 쳐다보기만 했으니까 비웃었을 게 당연하지. 아무튼, 다시 가긴 용기가 안 나는데, 내가 미쳤나 봐. 그 친구가 진짜 예쁘고 똑 부러지긴 했어서…… 자꾸 생각이 나고, 그래도 한 번 더 가볼 걸 하고 후회가 되고 내내 그랬어.

우영 │ 세상에. 소심한 상태래. 너 좀 전에 내가 편도체 얘기했던 거 기억나지? 편도체가 다양한 감정에 관여하긴 하지만, 아무래도 가장 직접적으로 관여하는 감정은 '두려움'이야. 공포를 느끼는 건 우리 스스로를 위험에서 보호하기 위해 꼭 필요한 반응이지. 어쩌면 처음 갔던 스피치 동아리의 환경이 너에게 위협적이었을 수도 있지 않을까 생각해본다. 네가 소심했을 수도 있지. 하지만 조심해서 나쁠 게 뭐가 있어? 민이라는 친구 하나만 보고 가기엔 너무 위험요소가 많아. 안 가길 잘했어.

· 부끄러움을 느끼는 뇌 ·

　부끄러움, 수치심도 감정이라고 할 수 있을까? 이 두 감정은 사회적인 상호 작용을 반드시 동반하는 '사회적 감정'으로 앞서 얘기한 기쁨, 슬픔, 분노, 혐오감, 공포와 같은 감정과 조금 다르다.

　기쁨이나 슬픔, 분노, 혐오감, 공포심은 다른 사람과의 상호 작용이 없어도 느낄 수 있는 감정이다. 예를 들어 내가 좋아하는 꽃을 보면 기쁘고, 기르던 화분이 시들어 죽으면 슬프고, 화분을 잘 돌보지 못한 자신에게 화가 날 수도 있다. 또 화분에서 징그러운 무늬의 풀이 돋아난 걸 보면 혐오감이나 공포심이 들 수도 있다. 다섯 가지 감정을 느낄 동안 다른 사람의 개입은 전혀 없다.

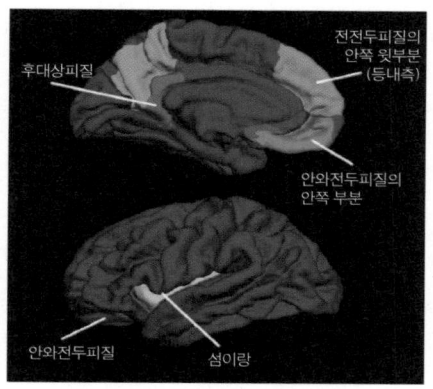

부끄러움을 느끼는 것과 관계되는 뇌 영역. 후대상피질(PCC)과 섬이랑(Insula) 등이 보인다(Sarah Whittle et al., 2016).

　반면, 부끄러움이나 수치심은 타인에게 비춰지는 나의 모습에 대한 생각이 반영된 감정이다. 죄책감이나 자부심 같은 것도 마찬가지이다.

　수치심은 뇌의 슬전대상회라는 곳과 후대상피질 영역에서 느낀다는 연구가 있다. 후대상피질은 다른 사람들과 상호 작용하면서 나타나는 고차원적인 행동을 조절하는 전두엽 영역과 연결되어 있다. 연구에 따르면 부끄러움을 더 많이 느끼는 사람

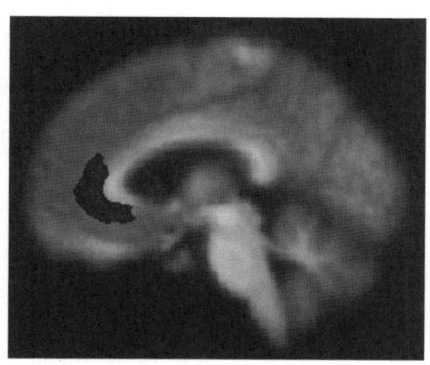

뇌의 슬전대상회(pACC) 영역

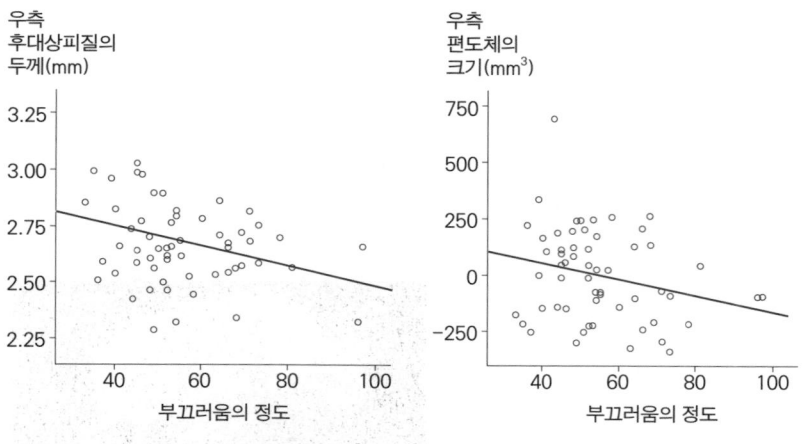

부끄러움을 느끼는 정도와 후대상피질(PCC)의 두께, 편도체의 크기의 관계

일수록 뇌의 슬전대상회 영역의 크기가 크고, 후대상피질의 두께가 얇다고 한다. 또 두려운 감정을 느끼는 편도체의 크기도 작았다고 한다.

재민 │ 가만 들어보니 너 동아리에 미련 둔 게 아니라 민이라는 그 친구에 미련을 둔 게 맞았구만. 도대체 얼마나 예쁘길래? 궁금하긴 하네. 무슨 과야?

호준 │ 몰라. 그리고 보니 이름이랑 얼굴밖에 모르네. 그날 헤어질 때 나보고 앞으로 종종 마주치면 인사나 하자고 했는데.

우영 │ 뭐? 진짜? 우아. 근데 그 이후로 한 번도 못 봤어?

호준 │ 어……. 사실 몇 번 봤어. 수업 듣는 건물은 아예 다른 것 같고, 점심 먹으러 학식 가서 몇 번 멀리서 봤는데, 아휴 몰라. 너무 멀어서 인사도 못했거든. 아휴, 나 괜히 봄 타느라 설레었던 건데 지금까지 미련 두고 있었나 봐. 나 진짜 바보지 바보. 하하!

　재민 ┃ 에이, 뭐 그렇게 마음 써. 다음번에 민이 만나면 그냥 아무렇지 않게 인사하면 되겠네! 뭐 대단한 일 있었던 것도 아니구만. 그 친구가 너 비웃었다고 생각한 것도 네가 부끄러운 마음에 혼자 착각한 것 같은데?

　재민이와 우영이의 말에 호준이는 멋쩍어하면서 크게 웃기 시작한다. 어느새 창밖은 점점 밝아오고, 호준이의 기분도 점점 밝아지는 것 같다.

8장

뇌에도 눈이 달렸나?
얼굴을 알아보는 뇌

호준이가 수상하다

호준 | 어우, 깜짝이야!

동생 호섭이와 함께 슈퍼마켓에 가다 말고 호준이는 가로등 뒤로 얼른 몸을 숨긴다. 맞은편에서 다가오던 사람의 얼굴이 민이와 너무 닮았던 것이다. 가슴이 철렁 내려앉고 얼굴이 화끈 달아올랐다.

호섭 | 형 왜 그래?
호준 | 어? 뭐, 뭐가?!
호섭 | 갑자기 어디 도망가? 누구 봤어?

호준 | 응? 내가 언제? 무슨 말인지 모르겠네?

호섭이는 시치미를 떼는 형을 이상한 눈으로 쳐다본다.

다음날 학교로 가던 호준이는 또 깜짝 놀라고 말았다. 친구 재민이
가 뒤에서 슬며시 다가와 손을 덜컥 잡은 것이다.

호준 | 으악!
재민 | 아하하하! 진짜 깜짝 놀라네, 으하하하!
호준 | 야 너 진짜! 심장 떨어지는 줄 알았잖아! 으아…….

호준이는 그대로 자리에 주저앉고 만다. 입술까지 파랗게 질려버렸
다. 그 모습에 오히려 재민이가 더 놀라버렸다.

재민 ᅵ 야, 괜찮아? 미안미안, 장난친 건데 왜 이렇게 놀라?

호준 ᅵ 어, 괜찮아……. 아후, 나 진짜 깜짝 놀랐어. 다리에 힘이 다 풀리네.

재민 ᅵ 미안. 근데 너 요즘 좀 이상하다? 전에도 내가 몇 번 쳤던 장난인데 왜 이렇게 심하게 놀라? 얼굴이 아주 하얘졌어. 생각해보니까 너 이러는 거 하루 이틀도 아니야. 요즘 길 가다가 깜짝깜짝 잘 놀라더라. 너 무슨 일 있는 건 아니지? 왜 그렇게 자꾸 놀라? 괜찮은 거야?

재민이 말처럼 호준이가 이렇게 깜짝깜짝 놀라는 건 이번이 처음이 아니다. 요 며칠 동안 호준이는 길을 가다 몇 번씩이나 화들짝 놀라 숨곤 했다.

호준 ᅵ 어, 나 완전 괜찮아. 요즘 시험기간이라고 밤을 좀 샜더니 기운이 없어서 그런 거 같아. 걱정 마, 나 진짜 괜찮아! 하하하~

재민 ᅵ 너 나한테는 뭐 숨기면 안 된다. 우리 십 년도 넘은 사이야.

호준 ᅵ 아 물론이지~ 걱정 마. 진짜 괜찮아.

말은 괜찮다고 했지만, 하루 종일 호준이의 얼굴에는 긴장한 기색이 역력하다. 집에서도 호준이는 어딘가 불편한 기색이다. 저녁도 먹는 둥 마는 둥 하고 방으로 들어간 호준이는 멍하니 침대 위에 누워 있었다. 머릿속이 너무 복잡하다. 하루 종일 수업 시간에 집중하지 못한 건 물론이고 밥도 넘어가지 않았다.

호준 | 아~ 정말 미치겠다. 이대로는 버틸 수 없어. 어떻게 하면 좋지? 재민이한테 얘기나 해보면 어때? 이해 못할 텐데…….

머리를 감싸 쥐고 고민하던 호준이는 결국 재민이에게 문자메시지를 보내고 만다.

(문자메시지) 호준 | 재민 알바 중? 지금 잠깐 볼 수 있냐

메시지를 보내자마자 기다렸다는 듯 재민이에게서 답장이 왔다.

(문자메시지) 재민 | 네 일이라면 언제든 환영이지. 카페로 와.

호준이의 비밀

호준이는 지난 학기 후배의 권유로 스피치 동아리에 나간 적이 있다. 학년이 높아지면서 보고서 쓸 일도 발표할 일도 많아졌는데, 말주변이 없어 고민하던 터라 별 생각 없이 덥석 나간 것이다. 하지만 열성적으로 토론에 참여하던 후배나 다른 회원들과 달리 호준이는 한마디도 하지 못했을 뿐 아니라 사람들이 하는 말을 이해하기도 힘들었다. 동아리에 정식으로 가입하지 않았으니 한 번쯤 어려운 경험 했다고 넘어갈 수 있는 일이다. 문제는 바로 민이였다. 그날 발표를 하며 유난히 자신을 보고 웃어 주던 민이는 그날 헤어지면서 호준이에게 종종

마주치면 인사하자는 말을 했다. 그동안 학교 식당에서 간간이 멀리서 얼굴을 봤을 뿐 인사를 할 만한 일은 없었는데, 이번 학기 들어서는 복도에서 자꾸만 마주치는가 싶더니 수업까지 같이 듣게 된 것이다. 그렇다고 해서 민이와 같이 활동할 일이 생기거나 한 건 전혀 아니었다. 문제는 인사 한 번 제대로 안 하고 몇 개월이나 지났는데 민이가 호준이를 마주칠 때마다 슬며시 미소를 날리는 것이었다.

처음 민이의 옅은 미소를 본 날 호준이는 당연히 잘못 본 거라고 생각했다. 그런데 한 번, 또 한 번! 민이는 계속해서 호준이에게 미소를 날리는 것이었다! 복도에서 슬쩍 마주치기만 해도, 수업 시간에 고개를 돌리다 우연히 눈이 마주쳤을 때도 민이는 수줍게 호준이에게 미소를 지어 보였다. 그러다 지난주 강의가 시작하기 전 화장실에 잠시 다녀왔는데, 책상 위에 초콜릿이 놓여 있었던 거다. 하트모양 초콜릿에는 보낸 사람의 이름도, 어떤 쪽지도 붙어 있지 않았다. 호준이는 심장이 목구멍을 거쳐 입 밖으로 튀어나오는 줄 알았다.

호준이는 혼자 끊임없이 생각했다. 아, 이거 진짜 뭐지. 저 친구 나 비웃는 건가? 아니, 혹시 나를 좋아하나? 인사하자고 했던 게 진심이었나 봐. 이런 일이 일어나다니. 내 인생에도 드디어 봄이 오는 건가?!

그녀의 웃음

여기까지 얘기를 들은 재민이는 눈을 동그랗게 뜨며 놀라워했다.

재민 | 뭐 정말? 대박인데? 근데 확실한 거야? 그 친구한테 물어봤어? 이름이 민이랬지? 겨우 살짝 미소 지은 거라며? 설마 계속 널 비웃고 있던 건 아니겠지……?

호준 | 야, 그걸 어떻게 물어보냐? 그리고 미소 짓는 건 못 알아볼 수가 없었다니까? 사실 나도 처음엔 내가 잘못 본 줄 알았거든. 근데 확실해. 한두 번도 아니었고. 민이는 나한테 진!짜! 미소를 지었단 말이야. 사람들이 웃을 때 보면 재미없는데 그냥 웃는 경우도 있고, 진짜 웃겨서 깔깔 웃는 경우도 있지 않아? 또 비웃는 거였다면 그 초콜릿은 뭐야 하고 생각한 거지. 초콜릿으로 이 모든 상황은 종료됐다고 성급하게 판단했던 거야.

재민 | 진짜 미소가 대체 뭐야? 좀 더 설명해줘 봐.

호준 | 웃음이라는 게 정말 단순한 표정인 것 같지만, 사실 그렇지 않거든. 웃음에도 종류가 있어.

재민 | 뭐? 함박웃음 같은 거?

호준 | 그것도 웃음의 종류지만, 웃음에는 진짜 웃음과 가짜 웃음이 있어. 진짜 웃을 때는 눈 주위의 근육도 함께 움직여. 단순한 미소라고 하더라도 진심으로 지어지는 웃음이라면 웃을 때 눈꼬리까지 살짝 내려가거든. 이런 걸 '뒤센 웃음'이라고 해. 뒤센이라는 의사가 이미 아주 오래전에 밝혀낸 사실이야. 머리로 생각해서 일부러 짓는 가짜 웃음이라면 입은 웃고 있어도 광대나 눈 주위 근육이 거의 안 움직여. 즉 입이 웃는지가 아니라 눈 주위의 근육이 같이 움직이는지를 보면 진짜 웃음인지 가짜 웃음인지를 알 수 있다는 말씀이지. 민이는 분명 눈까

의사였던 기욤 뒤셴이 남긴 기록. 얼굴 근육에 전기 자극을 줘서 웃는 표정이 지어지게 했다. 하지만 이때는 입 주변의 근육만 움직였다. 그는 정말 긍정적인 감정으로 인해 웃음이 지어지는 경우는 눈 주위 근육까지 움직인다는 것을 밝혀냈다.

지 웃는 진짜 웃음을 지었어.

'눈으로 말해요' 이런 얘기 많이 들어봤지? 사람은 언어가 있지만, 의사소통하는 데 있어서 표정을 굉장히 많이 활용해. 표정은 얼굴 근육의 움직임을 말하는데 기쁨, 두려움 같은 감정부터 고통까지 다양한 표현을 할 수 있거든. 이런 얼굴의 움직임은 무의식적으로도 나타나고, 의식적으로 지어낼 수도 있어. 특히 얼굴 왼쪽 근육은 오른쪽 뇌에서, 오른쪽 근육은 왼쪽 뇌에서 움직임을 조절하는데, 여기 재미있는 사실이 있어. 의식적으로 표정을 지어낼 때는 좌뇌만 작동해도 된다는 거야.

오른쪽 얼굴 근육에는 좌뇌에서 뻗어나온 신경이 직접 연결돼 있어. 그럼 얼굴 오른쪽 부분은 좌뇌가 조절하는 게 이해가 가지? 그런데 이 왼쪽 뇌에서 뻗어 나온 신경은 좌뇌와 우뇌를 연결하는 '뇌량'을 지나서 왼쪽 얼굴 근육을 조절하는 우뇌 영역에도 명령을 내려. 즉 왼쪽 얼굴 근육을 직접적으로 조종하는 건 오른쪽 뇌인데, 이 오른쪽 뇌 영역을 조종하는 건 다시 좌뇌라는 거지. 사람들이 웃거나 찡그릴

의식적인 표정을 만드는 회로

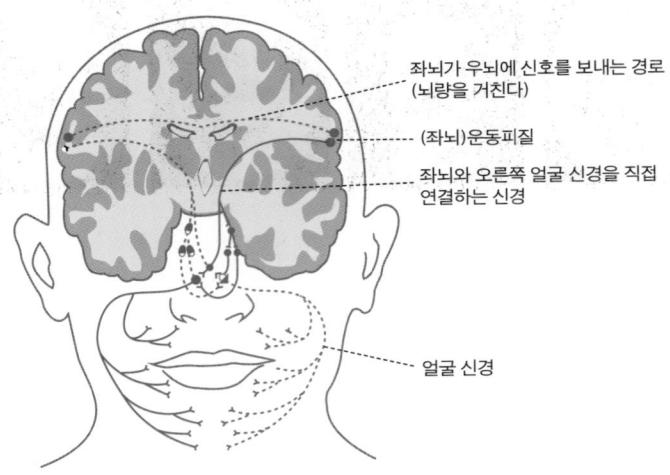

좌뇌가 우뇌에 신호를 보내는 경로
(뇌량을 거친다)

(좌뇌)운동피질

좌뇌와 오른쪽 얼굴 신경을 직접
연결하는 신경

얼굴 신경

자발적인(무의식적인) 표정을 만드는 회로

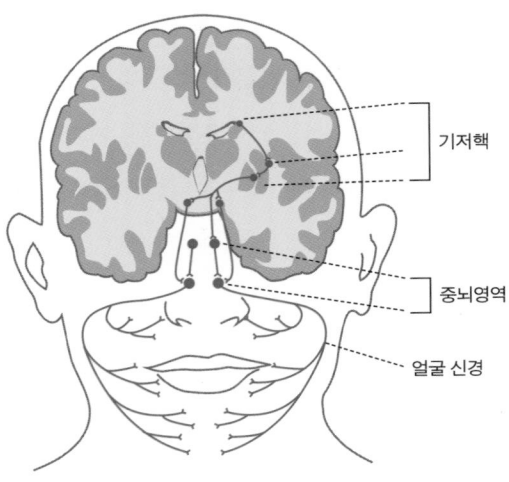

기저핵

중뇌영역

얼굴 신경

위 그림이 의식적 표정을 짓게 하는 뇌의 회로, 아래 그림이 자발적 표정이 만들어지는 뇌의 회로.
아래의 경우 대뇌 피질부를 거치지 않는다.

때 표정이 좌우 대칭으로 지어지는 것도 양쪽 얼굴 근육을 좌뇌가 꼭 대기에서 조절하기 때문이야. 그래서 뇌량에 손상을 입은 환자들에게 웃어보라고 하면 오른쪽 얼굴이 먼저 웃고, 왼쪽 얼굴에 웃음이 늦게 나타난대.

재민 │ 오, 신기하다~ 그럼 무의식적인 표정은 어떻게 짓는 건데?

호준 │ 무의식적으로 짓는 표정은 신호가 전달되는 경로가 좀 달라. 하품이나 의식하지 않았는데 터지는 웃음, 혐오스러운 걸 봤을 때 찡그려지는 표정 같은 걸 '자발적 표정'이라고 해. 대뇌의 중심부에서 좀 더 아래쪽에 기저핵이라는 영역이 있어. 여기서 표정 변화를 일으키는 감정에 대한 신호가 먼저 생겨. 그럼 이 신호가 중뇌, 뇌간을 거쳐서 바로 얼굴 근육으로 가. 대뇌 피질까지 신호가 가지 않아도 되는 거야. 이런 자발적 표정은 의도를 가지고 표현된다기보다 외부의 자극에 대한 반응으로 나타나는데, 사람이 아닌 영장류나 설치류에서도 관찰된대.

재민 │ 어, 맞아! 나 햄스터 키울 때 걔 하품하는 거 여러 번 봤어. 그거 진짜 표정이었구나. 그나저나 이렇게나 표정에 대해 잘 알고 있는 네가 민이 표정을 잘못 읽은 것 같진 않은데? 그럼 뭐가 문제야, 이제 자연스럽게 인사도 하고 잘 지내면 되겠네. 너, 그거 말고 무슨 일이 또 있었지?

호준 │ 그게…… 이제부터가 문제야.

민이의 비밀

호준이는 민이가 자신을 좋아한다는 확신을 가지고 민이에게 제대로 말을 걸기로 마음먹었다. 가끔 눈이 마주치면 어색하지만 몇 번 손을 흔들어 인사하기도 했다. 그럴 때면 민이도 더 환하게 미소 짓는 것 같았다.

하지만 그 정도로는 부족했다. 민이와 따로 만나서 얘기를 해봐야 할 것 같았다. 그런데 막상 기회를 잡으려니 그토록 자주 마주치던 민이가 보이질 않았다. 호준이는 며칠 동안 학교 곳곳을 서성거리며 민이가 혼자 지나갈 때 마주치기를 기다렸다. 드디어 혼자 학교를 나서는 민이를 마주친 호준이는 불쑥 말을 건넸다.

재민 | 진짜? 그랬더니 뭐래? 너 민이랑 사귀는 거야? 근데 왜 이렇게 이해가 안 가냐, 이건 좋은 일인데 애가 상태가 왜 이래?

호준 | 하……. 좋은 일이 아니니까 내가 이렇게 정신 빠져 지내지. 내가 뭐라고 했냐면 말이야, "민아. 안녕. 나랑 같이 저녁 먹을래?"라고만 했거든? 그랬더니 민이 표정이 진짜 가관이더라. 진짜 무슨 고대 라틴어로 말하는 걸 들은 것 같은 표정을 짓더라고.

재민 | 뭐야? 자기가 너 좋아하는 걸 모를 거라고 생각한 건가? 아님 아니라고 발뺌하려던 거야?

호준 | 아니. 나보고, 누구시냐고 하던데.

재민 | 뭐……?

호준 │ 내 얘기를 마저 들어 봐.

하하, 나 호준이잖아, 민아. 장난치지 마. 우리 수업도 같이 듣고…… 지난 학기에 그 스피치 동아리…… 아, 이게 중요한 게 아니라, 나는 너 좋은 애라고 생각해. 지난 학기 동아리 나갔을 때, 네가 첨엔 비웃는 줄 알았거든. 내가 이해 하나도 못해서. 근데 정말로 수업시간에도, 지나가다가 마주칠 때도 먼저 눈 마주치고 웃어줘서 정말 고마웠고.

근데 민이가 뭐랬는지 알아?

재민 │ 뭐라고 했는데? 장난 친 거지? 걔 생각보다 성격이 알궂네!

호준 │ 아니. 민이는 안면인식장애가 있대.

재민 │ 뭐어? 안면인식장애? 그게 뭔 소리야?

호준이는 고개를 절레절레 흔들며 말을 잇는다.

호준 │ 민이 걔 진짜 침착하더라. 성격도 참 좋아. 내가 완전 얼빠져 있었더니 오히려 미안해하면서 친절하게 설명까지 해주더라.

재민 │ 헐 대박이다. 근데, 안면인식장애 그게 뭐야? 그게 왜?

호준 │ 사람은 물건이나 다른 신체부위보다도 얼굴을 특별히 잘 인식할 수 있대. 사람이 아닌 동물도 얼굴 표정에 집중하긴 하는데 사람은 그 능력이 좀 더 특별하다고 하더라. 다른 동물이랑 다르게 사람은 뇌에 얼굴을 인식하는 영역이 따로 존재할 정도래. 우리가 눈을 보며 말한다고 하잖아? 실제로 의사소통할 때 얼굴, 그중에서도 특히 눈과 입부분의 근육 움직임을 통해 표정을 읽고 그것으로 상대방의 마음까지 짐작할 수 있대. 만약 이 부분이 제대로 발달하지 못하면 표정을 잘 인식하지 못하겠지. 상대방과 대화를 나누거나 할 때 표정을 못 읽으니까 감정을 이해하거나 마음을 짐작하기도 어려워지고. 다 똑같아 보이는 표정을 좀 더 자세히 알아채려고 연구하는 사람들도 있는데 반대로 얼굴을 인식하고 표정을 알아보는 게 불가능한 사람들이 있을 줄이야. 생각도 안 해봤다.

· 안면인식장애 ·

안면인식장애는 선천적으로 타고나는 경우도 있지만, 후천적으로 발달 중에 생기는 경우도 있다. 시각 능력에 관계하는 후두엽이나 방추상회에 손상이 있거나 이 영역의 기능이 제대로 발달하지 않은 경우 얼굴을 알아보는 데 어려움을 겪게 된다.

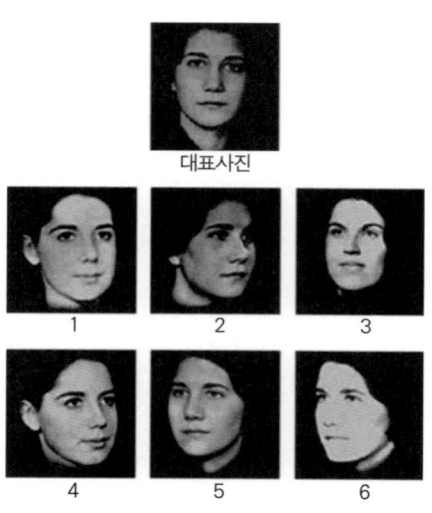

대표사진

1 2 3

4 5 6

벤튼 얼굴 인식 테스트(B. C. Duchaine et al., 2003).

안면인식장애가 있는지 여부는 몇 가지 테스트를 통해 확인해볼 수 있다. 가장 쉽게 확인해보는 방법은 유명인들의 얼굴 사진을 보고 누군지 알아맞히는 것이다. 하지만 '유명인'을 선정하는 기준이 애매하다고 하여 쓰이는 다른 방법도 있다. 바로 벤튼 얼굴 인식 테스트(Benton Facial Recognition Test)이다. 한 사람의 얼굴 사진을 대표 사진으로 보여주고 여섯 개의 조금씩 다른 얼굴 사진을 보기로

준 뒤, 여섯 개의 보기 사진 중 먼저 본 대표 사진과 같은 사람을 골라내는 것이다.

안면인식장애는 생각보다 희귀하지 않다. 유명한 헐리우드 영화배우인 브래드 피트도 안면인식장애가 있음을 고백했고, 세상을 떠난 올리버 색스도 자신의 책『아내를 모자로 착각한 남자』에서 안면인식장애 환자의 이야기를 다룬 적이 있다.

안면인식장애가 있는 사람은 얼굴을 선명하고 명확하게 알아보지 못한다.

재민 │ 난 둘 다 신기하다. 그래서 너는 민이한테 차이고 부끄러워서 그랬던 거냐? 민이 마주칠까 봐 피해다니고?

호준 │ 어…….

재민 │ 근데 민이라는 그 친구, 상태가 많이 심각한 거야? 좀 황당하다. 솔직히 얼굴 기억 잘 못하는 사람은 원래 꽤 있지 않아?

호준 │ 그렇지, 그냥 얼굴을 잘 기억하지 못하거나 표정 변화를 잘 눈치 채지 못하는 사람들은 꽤 많지. 그런데 민이처럼 얼굴을 아예 알아보지 못하는 건 좀 다른 얘기더라. 좀 전에 내가 한 말 기억하지? 뇌에는 다른 사람의 얼굴을 인식하는 영역이 특별히 발달해 있다고. 이 영역을 방추상회라고 한대. 이 부분이 얼굴 인식에 되게 중요한 역할을 하는데, 실제로 다른 사람의 얼굴, 얼굴 사진 같은 걸 볼 때 이 영역이 활성화된대.

재민 │ 방추상회? 그게 어디 있는 거야?

호준 │ 뇌가 몇 개의 큰 덩어리로 이루어졌다고 볼 수 있는 건 알지?

그 중 옆쪽에 위치한 덩어리인 측두엽의 아래쪽에 있대. 방추상회가 손상되거나 제 역할을 못하면 얼굴을 못 알아보게 되는 건데, 특히 왼쪽 뇌보다 오른쪽 뇌에 손상을 입은 사람들이 훨씬 많이 알려져 있대. 어느 정도 심각하냐는 사람마다 다 다른데, 어떤 사람은 거울 속에 비친 자기 자신도 못 알아봤대. 참 이상하지? 시력에 문제가 있는 것도 아니고 뇌의 다른 기능은 다 멀쩡해서 지적으로도 문제가 없다고 하더라. 그건 그렇고 나 너무 창피했어. 그다음부터 민이랑 비슷하게 생긴 사람이나 민이라는 이름만 들으면 아주 다리가 후들후들이야.

　재민 ｜ 그렇구나. 야, 괜찮아. 부끄러울 게 뭐 있어. 민이도 너한테 자기 안면인식장애 있는 거 말하기 쉬웠겠어?

• 얼굴을 알아보는 뇌 •

　사람의 뇌에는 특별히 얼굴에 대해 반응하는 영역이 있다. 바로 방추상회의 표면부 영역이다. 이 영역은 해부학적으로 '표면(face)'에 위치하기도 하고 '얼굴(face)'을 인식하기도 해서 영어로 'fusiform face area'라고 표기한다. 이 영역은 얼굴을 보는 동안 매우 활성화되는데, 다른 신체 부위나 음식, 사물 같은 것을 볼 때는 거의 활성화되지 않는다.

　이 영역 외에도 얼굴에 대해 반응하는 영역이 하나 더 있는데, 바로 상측두구 영역이다. 이 두 영역의 차이는 얼굴의 어떤 특징을 인식하느냐다. 대체로 상측두구는 감정이 담긴 얼굴에 대해 반응하고, 방추상 얼굴 영역은 단순히 '얼굴'이라면 모두 반응한다고 알려져 있다.

　동물에서는 특별히 방추상 얼굴 영역이 보이진 않는다. 하지만 원숭이에게서 상측

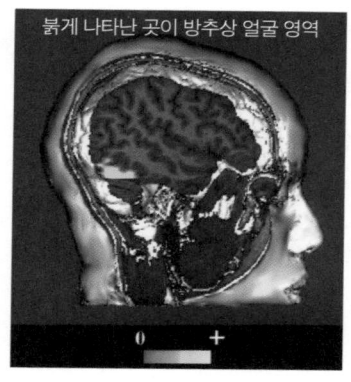

붉게 나타난 곳이 방추상 얼굴 영역

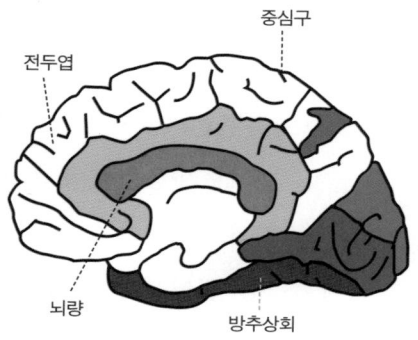

두구 영역이 얼굴에 대해 반응한다는 것이 알려져 있으며, 설치류에게서는 얼굴이 아니라 '머리의 방향'을 인식하는 영역이 있다고 생각된다.

내 머릿속엔 네가 있다

호준 | 그래 네 말이 맞다. 아, 너한테 진작 말할걸 그랬어. 근데 아직까지도 민이라는 이름이나 민이 얼굴만 떠올리면 내 머릿속의 무언가가 반응이라도 하는 것 같아.

재민 | 어? 그거 당연한 건데? 호준이 너 그거 몰라?

호준 | 응? 그건 무슨 말이야?

재민 | 수많은 신경 세포가 모여서 뇌를 이루고 있는 건 알고 있지? 그 세포들의 작용으로 기억도 형성되잖아. 근데 어떤 기억은 단 하나의 세포에 의해서 저장되기도 한대. 너 할리 배리라는 배우 알아? 이 사람 유명한 할리우드 배우인데, 신기하게도, 과학자들이 이런 세포의

존재를 알아내게 된 게 이 사람 덕분이래. 할리 배리라는 특정한 사람에 대한 기억을 세포 하나가 저장하고 있었던 걸 관찰했거든. 할리 배리 세포는 할리 배리의 평범한 사진, 분장한 사진뿐 아니라 '할리 배리'라는 글자에까지도 반응을 했어.

호준 │ 와! 진짜 신기하다. 그건 얼굴을 인식하는 거랑 좀 다른 얘기네. 근데 궁금한 게 있어. 모든 사람이 할리 배리 세포를 가지는 거야? 또 각자 자기가 알고 있는 사람 전부에 대해 이런 세포를 가지고 있는 거야?

재민 │ 아, 그런 건 아니야. 이 세포의 존재를 과학자들이 처음 알게 되었을 때 할리 배리의 사진과 이름을 가지고 확인을 했던 바람에 이때 관찰된 세포를 할리 배리 세포라고 하는 것뿐이야. 자기 할아버지에 대해서 반응하는 세포를 보인 사람도 있는데, 그 세포는 '할아버지 세포'라고 부르는 식이지. 그리고 우리가 아는 사람 모두에 대해서 세포가 하나씩 다 있는 것도 아니야. 아마도 기억이 강렬하거나 특별한 사람이면 이런 세포가 있을 수 있지 않을까? 또 꼭 사람이 아니라 어떤 장소나 일화에 대한 기억도 세포 하나에 저장되는 경우가 있을지 모르는 거고. 이 말을 왜 했냐면, 민이랑 비슷한 사람 형체만 봐도 깜짝 놀라는 걸 보니 네 머릿속에 민이 세포가 생겨버린 게 아닌가 싶어서. 큭큭. 근데 그 초콜릿은 뭐였어?

호준 │ 그거…… 그날 교수님이 돌리신 거였대. 정신 나가서 다른 사람 자리에 있는 건 못 봤나 봐. 아…… 쪽팔려!

9장

세상 모든 드라마가 꼭 내 얘기만 같아
공감

다들 보는 그 드라마

재민 | 너 어제 드라마 봤어?

지영 | 응 봤지! 본방 사수 안 하나~

재민 | 아, 나 어제 과외 늦게 끝나서 시간 놓치는 바람에 못 봤어. 브리핑해줘.

지영이가 들어오자마자 드라마 이야기를 늘어놓는 재민이와 달리 호준이는 멍하니 창밖만 보고 있다.

지영 | 야, 근데 호준이는 왜 저렇게 멍 때리고 있어? 호준아! 짜잔~

나 왔어!

호준 | 어? 어, 그래. 왔어?

지영 | 뭐야 왜 이렇게 반응이 시원찮아?

여전히 멍한 표정의 호준이를 보며 재민이는 큭큭 웃음을 흘린다.

재민 | 배고파서 그런 거 아닐까아~? 우리 일단 점심 먹으러 가자. 가면서 어제 꺼 얘기해줘.

점심을 먹으러 가서도 호준이는 한마디 대화에 끼지 않는다.

지영 | 너 오늘 진짜 말 없다. 무슨 일 있어?

호준 | 나는 그 드라마를 안 봐서 할 말이 별로 없네. 하하.

지영 | 에이~ 이런 건 한번쯤 봐줘야 되는 거야. 이거 완전 우리 얘기라서 너도 보면 공감될 걸?

호준 | 아, 그래?

재민 | 응, 이거 진짜 재미있음. 웬만하면 드라마 안 보는 내가 이렇게 빠져 있잖냐. 너도 한 번 보면 '내 얘기 같다'는 생각 확 들 걸?

호준 | 픕, 너희가 너무 감정이입을 많이 하는 거 아니야?

지영 | 감정이입? 아니지~ 감정이입을 하는 것까진 아니고, 공감! 공감대는 진짜 제대로 형성된다니까?

호준 | 그래? 근데 감정이입이랑 공감이랑 다른 거야? 둘 다 다른 사

람의 상황을 이해하고 같은 감정을 느끼는 거 아닌가?

재민 │ 좀 다르지 않나? 생각해보면 나는 제대로 공감이라는 걸 해본 적이 없는 것 같아. 상대방한테 공감을 해야 하는데 공감이 잘 안 되어서 억지로 감정이입을 했던 적은 몇 번 있는 것 같고.

지영 │ 응. 나도 둘이 비슷한데 완전히 똑같은 건 아니라고 알고 있어. 그건 그렇고 너, 억지로 감정이입을 했다는 건 좀 너무하다~

재민 │ 너무할 건 또 뭐야? 공감이 안 되는데도 불구하고 친구를 사랑하는 마음으로 열심히 감정이입을 하면 더 기뻐할 일이지. 흠흠. 얼마 전에 어떤 친구가 고백했다 차이고서 나한테 상담을 해왔거든. 근데 그 친구가 느꼈다는 감정이 잘 이해가 안 가는 거야. 사실 내가 누굴 좋아해본 적도 없고 여자 사람 친구는 많은데 연애는 안 해봤잖니.

아무튼, 그래도 꽤 친한 친구라서 하소연하는 걸 일단 다 들어주긴 했어. 그 친구의 감정을 내 마음속에서 느끼진 못했으니까 공감은 못했던 거지. 공감이라는 게 타자의 감정을 나도 느끼고 반응하는 거잖아. 그렇지만 열심히 그 친구의 입장이 되었다고 생각을 하면서 들었거든. 머리로 그 친구의 상황과 감정을 이해해보려고 한 거지. 이게 감정이입 아닌가?

공감과 감정이입의 차이

지영 | 오~ 꽤 논리적인데? 네가 한 말을 다시 되짚어보자. 친구가 느끼는 감정을, 이야기를 듣는 나는 동시에 느끼지 못했다. 그래서 넌 공감을 못했다고 했어. 그리고, 그럼에도 불구하고 친구의 이야기를 들어주기 위해서 머리로 이해하려고 노력했는데, 그게 감정이입이라고 했지.

사실 공감과 감정이입이 다르긴 다른데, 검은색과 흰색처럼 완전히 대비되는, 다른 뜻이라고 하기는 어려워. 사회학이나 심리학에서는 공감과 감정이입이 미묘하게 다르다고 얘기하고 있지. 공감은 다른 사람의 감정 상태를 이해하고 나 역시 그 감정을 느끼는 것, 감정이입은 여기서 한 걸음 더 나아간 건데, 그 사람이 느낀 감정을 내 뇌와 신체가 느끼면서, 내가 그 사람이 되었다고 생각하게까지 되는 거야. 그 결과, 나에게서도 그 감정을 느낄 때 나타나는 반응까지 나타나게 되는 거. 우리가 동정심이나 연민하는 마음이라고 하는 것 있잖아. 그런 건 감정이입이라고 할 수 있을 거야. 재민이 네가 조금 전에 말한 거랑 반대

같지 않아? 넌 사실 공감은 했지만 감정이입은 못한 거야.

재민 | 그래? 그럼 머리로만 감정을 느끼는 게 공감이고, 그 감정이 여기 심장까지 오면 감정이입이 된 거라고 할 수 있다는 건가?

호준 | 아니, 그럼 너는 그 친구 얘기 들어주는 시늉만 한 거야? 지영이 말대로라면 공감도 아니고 감정이입도 아닌 거잖아.

재민 | 아, 아니지! 내가 그 친구의 감정을 똑같이 느끼진 못했어도 그게 어떤 감정일지 이해는 다 했는데…….

공감에도 종류가 있다

지영 | 어머, 네가 왜 발끈해? 마치 자기 얘기인 것처럼 듣는데? 얼굴도 빨개지고. 완전 감정이입했잖아?

지영이의 말에 호준이는 재민이를 슬쩍 째려보고 고개를 돌린다.

지영 | 내가 판단하기에, 재민이는 그 친구 얘기 들으면서 감정이입은 못했어도 공감은 한 것 같아.

공감에는 두 가지 종류가 있거든. 하나는 인지적 공감이고 다른 하나는 감정적인 공감이야. 인지적 공감은 다른 사람이 어떤 감정을 느끼겠구나, 하고 머리로 인식을 하고 이해하는 것을 말해. 사람은 특히 언어를 이용해서 표정이나 몸짓으로 드러내기 어려운 감정 상태를 설명하고 상대방이 이해하게 만들 수 있어. 언어 때문에 다른 동물들보다 사람에게서 인지적 공감이 더 쉽게 이뤄지지.

감정적 공감은 나도 그 감정을 느껴서 신체적인 반응이 나타나는 걸 말하거든. 아까 내가 공감이랑 감정이입으로 나눠서 얘기했는데, 감정적 공감이 감정이입에 해당한다고 봐도 될 것 같아. 인지적 공감이 내가 아까 말한 공감이고.

감정이 전염된다는 거 너희 알고 있지? 누가 옆에서 울거나 웃으면 나도 모르게 눈물이 나거나 웃음이 날 때가 있잖아? 또 누가 옆에서 불안해하는 모습을 보면 나도 괜히 덩달아 불안해지고. 나는 실제로 외부의 자극을 받지 않았는데 다른 개체를 관찰하거나 다른 사람과 교류하는 것만으로 감정적 반응이 나타나는 거야. 왜 그러는지는 명확히 이해가 안 가지만 감정은 이미 전염된 거지. 이때 상대의 입장이 되어서 왜 그러는지 이해까지 가면 감정이입, 즉 감정적 공감에 더해 인지적 공감까지 이루어졌다고 말할 수 있을 거고.

재민이는 그 친구한테 인지적 공감은 했지만 감정적 공감, 감정 전이는 없었던 것 같아. 어때?

• 다른 동물도 인지적 공감을 할 수 있을까? •

공감은 두 가지 종류로 나눠볼 수 있다. 하나는 감정적 공감, 즉 감정이 전이되는 것이고, 또 다른 하나는 인지적 공감이다. 이 두 가지는 구분될 수 있다고 여겨지며, 인지적 공감 없이 감정적 공감만 일어나는 경우, 또는 그 반대의 경우도 가능하다.

감정적 공감은 타인에게서 감정적 반응을 보았을 때 나에게서도 신체적 반응이 일어나는 경우를 말한다. 인지적 공감은 신체 반응이 일어나는지 여부와 상관없이, 전체적인 맥락과 상황, 상대의 생각과 감정을 이해하는 것이다. 어떤 이들은 감정적 공감이 관찰한 타인의 감정적 반응이 외부 자극으로 작용해서 내 몸이 자극에 대한 반응을 일으킨 단순한 현상이라고 보기도 한다.

감정적 공감은 사람이 아닌 다양한 동물에게서도 관찰된 바 있다. 반면, 인지적 공감은 사람 외에는 침팬지에게서만 확인되었다. 인지적 공감은 감정적 공감의 경우처럼 확연한 신체 반응으로 드러나지 않기 때문에 사람이 아닌 동물에게서 일어났는지 여부를 확인하기가 쉽지 않다. 과학자들은 침팬지의 인지적 공감 능력을 확인해보기 위해 신체 변화는 나타나지 않지만 감정적으로 동요할 수 있는 상황을 꾸며놓고 침팬지의 반응을 살펴보았다. 제시된 상황은 버려진 고아를 발견했을 때, 목이 마르거나 배가 고픈 상황, 다친 동료를 발견했을 때가 있었다. 직접적인 신체 변화로 감정의 변화가 드러나진 않지만, 분명 감정 변화를 일으킬 만한 상황인 것이다. 이 같은 상황에 노출되었을 때, 침팬지들은 버려진 고아를 거두어 돌봤고, 목마른 동료에게는 마실 것을, 배가 고픈 동료에게는 먹을 것을 전해주었다. 또 다친 동료를 발견했을 때는 그 동료를 돕는 행동을 보였다. 이 관찰 결과를 근거로 많은 과학자들이 침팬지가 인지적 공감을 할 수 있다고 생각하고 있다.

반면, 대부분의 다른 동물에게서 보이는 공감은 단순히 감정적 공감의 수준에 그친다는 의견이 많다. 많은 과학자들은 공포라는 감정을 이용해 쥐에게서 공감 반응을 확인했다. 쥐들은 두려움을 느낄 때 몸이 굳는 반응을 보인다. 그런데 과학자들은 내가 아닌 다른 쥐가 무서움에 몸이 굳는 것을 본 쥐 역시 갑자기 몸이 굳는 것을 관찰했다. 타자의 감정적 반응

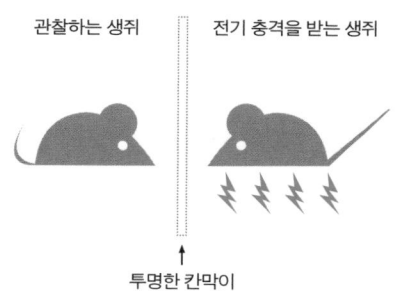

관찰하는 생쥐　　　전기 충격을 받는 생쥐

투명한 칸막이

두 마리 생쥐가 투명한 칸막이로 나뉘어 있는 방에 들어가 있다. 한 마리 생쥐에게 전기 충격이 가해지는 것을 보면, 관찰하는 생쥐는 충격을 받지 않았음에도 불구하고 무서워하는 반응을 보인다 (Sangwoo Kim et al., 2012).

을 보고 나 역시 같은 감정적 반응을 보인, 감정적 공감이 이뤄진 것이다. 그런데 이때 공감을 한 쥐는 다른 쥐가 '두려움'이라는 감정을 느꼈다는 사실도 이해했을까? 그것은 정확히 확인할 수 없다. 상대의 공포 반응을 보고 공감을 한 쥐의 뇌에서 공포에 반응하는 영역인 편도체가 활성화되었다는 사실은 확인되었다. 하지만 두려움이라는 감정을 느끼고 그에 대한 신체적 반응이 나타나는 것은 감정적 공감, 감정의 전이만으로도 일어날 수 있는 일로 상대 쥐가 두려움을 느끼고 있음을 인식했는지, 즉 인지적 공감도 할 것인지까지는 보여주지 못한다.

지영｜좀 더 이해하기 쉽게 예를 들어볼게. 어제 그 드라마에서 주인공 언니가 결혼했거든. 결혼식이 끝나고 언니가 아버지가 써준 편지를 보면서 막 우는 거야. 근데 우리가 뭐 결혼을 해봤니, 너희는 언니도 없잖아. 그래서 드라마 속 언니가 어떤 느낌일지 정확히는 몰라. 그런데 결혼하는 딸이 그동안 서먹했던 아버지에게 어떤 감정을 느낄지 상상은 해볼 수 있지. 이때 인지적 공감을 한다고 볼 수 있겠지? 근데, 그 주인공이 대학생이라서 아르바이트 하는데 카페에서 사장님한테 엄청 깨지는 장면이 나와. 그걸 보면 굳이 상상하지 않아도 엄청 짜증나겠다는 생각이 바로 들지. 내 표정도 저절로 변하고. 후훗, 나 진짜 지난여름에 알바하던 생각나서 나도 모르게 두 주먹을 불끈 쥐었다니까.

재민｜주먹 불끈! 감정 전이됐네.

지영｜그렇지~ 그리고 인지적 공감이랑 감정적 공감에 관여하는 뇌 영역에도 차이가 있어. 전대상피질 같은 영역은 두 가지 공감 반응을 할 때 모두 활성화돼. 전대상피질의 역할은 상대방의 입장이 되어 생

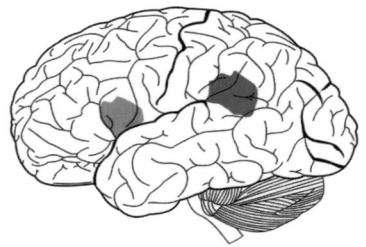

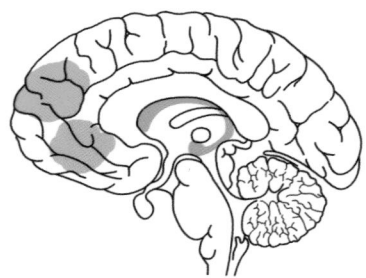

감정의 전이가 일어날 때 활성화되는 뇌 영역 　　　인지적 공감을 할 때 활성화되는 뇌 영역

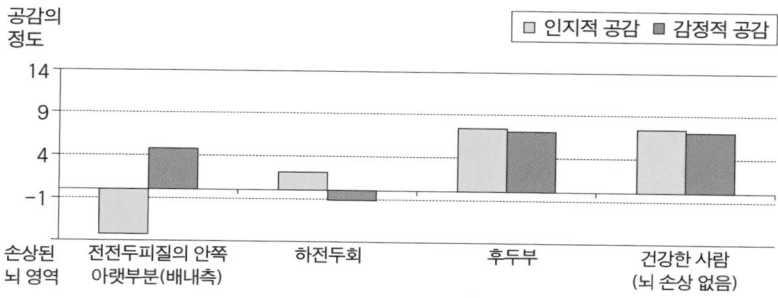

제일 왼쪽부터 전전두피질의 아래쪽 부분(VM: ventromedial region), 하전두회(IFG: inferior frontal gyrus), 뇌의 뒤쪽 부분(후두부, PC: posterior control)에 손상을 입은 환자군, 건강한 실험군(HC: helthy controls). 노란색 막대는 인지적 공감, 녹색 막대는 감정적 공감 정도다. 후두부 손상 환자군과 건강한 실험군과 비교해보면 전전두피질의 아래쪽 부분에 손상을 입은 환자들은 인지적 공감을, 하전두회에 손상을 입은 환자들은 감정적 공감을 제대로 하지 못함을 알 수 있다 (Simone G. Shamay-Tsoory et al., 2009).

각해보는 것과 관련되어 있거든. 이 영역 외에, 감정적 공감과 인지적 공감을 할 때 좀 더 주요한 역할을 하는 영역은 차이가 있어. 과학자들이 사람들을 대상으로 인지적 공감과 감정적 공감 반응을 보이는 동안 뇌의 활성도를 확인해봤더니, 인지적 공감을 하는 동안에는 전전두피질의 안쪽 부분이 더 많이 활성화되었대. 그리고 감정적 공감을 하는 동안에는 전전두피질보다 하전두회라는 영역이 더 중요한 역할을 한다고 해.

· 공감이 잘되는 사람이 있다? ·

바라볼 때 공감이 더 잘되는 사람이 따로 있을까? 마치 시력 차이처럼 공감 능력의 차이를 수치화해서 비교하긴 어렵다. 하지만 공감이 더 쉽게 혹은 많이 될 수 있는 상황에 대한 예측은 여럿 존재한다. 그중 한 가지 상황이 바로 자신과 같은 인종, 민족을 대하는 때다.

실제로 서양인과 동양인(백인과 중국인)을 대상으로 공감의 정도가 어떻게 다르게 나타나는지 확인한 연구가 있다. 연구자들은 백인과 중국인 피실험자를 모집해서 그들에게 같은 사진을 보여주었다. 보여준 사진은 백인과 중국인의 뺨을 족집게와 부드러운 면봉으로 찌르는, 총 네 장의 사진이었다. 실험에 참여한 사람들은 모두 성인으로 족

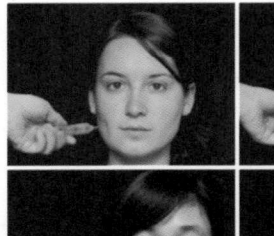
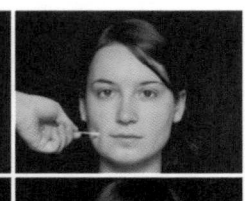

백인의 얼굴

중국인의 얼굴

족집게로 찌르는 사진
(고통스러움)

면봉으로 찌르는 사진
(고통스럽지 않음)

실험에 사용된 사진
(Xiaojing Xu et al., 2009)

집게로 뺨을 찌르는 것은 고통스럽고 면봉으로 뺨을 찌르는 것은 그렇지 않다는 인식을 가지고 있다. 이는 일반적으로 우리가 경험을 통해 알고 있는 사실이다.

연구자들은 피실험자가 네 장의 사진을 보는 동안 뇌에서 활성화되는 영역과 그 정도를 측정했다.

고통스럽다고 인식되는, 족집게로 뺨을 찌르는 사진을 볼 때 피실험자들의 뇌에서 공감 기작에 관여하는 영역인 전대상회와 부정적인 감정을 느끼는 영역인 섬이랑의 활성이 높게 나타났다. 그런데 재미있는 점은 백인은 백인의 사진, 중국인은 중국인의 사진을 볼 때에 그 활성도가 더 높았다는 사실이다. 한편, 면봉으로 뺨을 찌르는 사진에 대해서는 이런 차이가 비교적 작게 나타났다. 즉 중국인과 백인 모두 중국인의 사진을 볼 때나 백인의 사진을 볼 때 뇌가 활성화되는 정도가 비슷했다.

이 연구는 감정적인 상황에 대해 자신과 더 가깝다고 느껴지는 인종이나 가족일 경우 공감을 더 잘할 수 있을 것이라는 가능성을 보여준다.

호준ㅣ 큼큼. 인지적 공감과 감정적 공감이 분리되어 있다는 거 이제 확실히 알았다. 그리고 재민이 너 오늘 한 얘기 좀 실망이다. 너는 앞으로 친구들 연애상담 해주면 안 되겠다.

재민이가 호준이의 눈치를 살살 본다.

재민ㅣ 에에이…… 내가 그래도 온 마음을 다해 공감을 하잖아…….

10장

답은 정해져 있다?!
편견과 고정관념

공대생은 안 만나

지영 │ 민경아, 너 소개팅 할래?

민경 │ 응? 소개팅? 누군데?

지영 │ 나랑 초중고 동창인데, 진짜 괜찮은 애야. 어때?

민경 │ 그래? 너랑 그렇게 친한 친구면 믿을 만한데?

지영 │ 그럼 하는 거다?

지영이가 민경이에게 소개시켜준다는 친구는 바로 재민이다. 지난
번 재민이가 자신은 누굴 좋아해본 적이 없다고 했던 말 때문에 신경
이 쓰였던 지영이었다. 재민이도 민경이도 활달하고 시원시원한 성격

을 가진 친구들이라 지영이는 둘을 소개시켜준 뒤 별 걱정을 하지 않았다. 그런데 며칠이 지나 만난 재민이의 반응은 예상 밖이었다.

지영ㅣ재민아 내 친구 만나봤어? 어때? 민경이 성격 좋지?

재민이는 반갑게 말을 거는 지영이에게 아무 대답도 하지 않고 물끄러미 바라보기만 했다.

지영ㅣ어? 너 반응이 왜 그러냐?
재민ㅣ나 네 친구 만나보지도 못했어.
지영ㅣ응? 만나보지도 못했다니?
재민ㅣ내가 공대생이라 그랬더니 맘에 안 들었나 봐. 결국 그냥 안 만나기로 했다.
지영ㅣ그게 무슨 말이야? 아예 만나지도 않았다고?
재민ㅣ그렇다니까. 내가 공대 다닌다는 말하고 나서 갑자기 이리저리 말을 돌리길래, 이상하다 싶어서 직접 물어봤지. 혹시 공대생이라서 좀 별로냐고. 그렇다고 하더라. 미안하다면서.
지영ㅣ아, 진짜? 이해가 안 가네, 걔가 그럴 애가 아닌데. 어쨌든 재민아 미안하다. 내가 좀 제대로 알아봤어야 하는데…….

공대 남자 트라우마

그날 밤 침대에 누워서까지 이리저리 생각을 해봤지만 지영이는 도저히 이해가 되지 않았다. 다음 날 학교에서 민경이를 보자마자 지영이는 재민이와의 일을 캐물었다. 민경이의 얘기는 이랬다.

지난 학기에 민경이는 조모임을 세 개나 했다. 조모임이 하나만 있어도 시간이 무척 많이 뺏기는데 세 개나 한 학기에 몰리다니 이건 재앙이었다. 민경이의 일주일은 주말까지 포함해서 거의 매일이 조모임의 연속이었다. 그래도 세 개 중 두 개의 조모임은 생각보다 시간을 많이 빼앗지 않았다. 문제가 된 조모임에서는 민경이 혼자만 여자였다. 사실 홍일점 조원이 된다는 것 자체는 전혀 나쁠 게 없다. 조원이 남자든 여자든 그게 무슨 상관인가. 문제는 그들이 어떤 사람이냐는 거였다. 그 조의 나머지 조원은 공대 남학생 세 명이었다.

세 명의 공대생 조원들은 정말 잊을 수 없는 기억을 만들어주었다. 글 읽고 쓰는 건 딱 질색이라며, 애초부터 모든 보고서 작성을 민경이에게 떠넘긴 것이다. 그렇다고 민경이가 가만히 당하고 있지는 않았다. 민경이는 꿋꿋이 조원들에게 분량을 나눠 맡겼다. 하지만 결과는 더욱 처참했다. 보고서를 완성하려고 조원들이 작성한 부분을 모아 받은 민경이는 충격을 받았다.

민경 | 말도 안 돼……. 얘네가 지금 나를 골탕 먹이려고 이런 식으로 쓴 거지? 너무한 거 아니야?

글 솜씨가 없는 것뿐 아니라, 맞춤법도 여러 군데 틀린 보고서를 보니 민경이는 화가 치밀었다. 이상하게도 사용한 자료나 사진 같은 것은 꽤 좋은 것들이었는데 글이 그야말로 엉망진창이었다. 당장 전화를 해서 따져야겠다고 마음먹었는데, 마침 전화가 왔다.

공대생1 │ 저…… 민경아 난데, 내가 보낸 파일 받았어?

민경 │ 어, 안 그래도 내가 지금 전화하려던 참이야! 너 어떻게 이렇게 할 수가 있어? 정말 무책임하다!

공대생1 │ 나 정말 최선을 다해서 쓴 거야! 열심히 자료는 조사했는데 도대체 그걸 정리할 수가 없었어. 솔직히 말해서 글로 뭘 쓰는 거, 앞에 나서서 조리 있게 발표하는 건 익숙하지 않은 정도가 아니라 엄청 어려워. 나름 열심히 해서 보냈는데 너무 엉망인 것 같아서, 미안해서 전화한 거야. 보고서 어쩌면 좋을까 해서.

민경이는 당황스러워하며 대답했다.

민경 │ 대…… 대박이다 정말……. 혹시 다른 친구들도 너랑 마찬가지야? 난 너희가 나 놀려먹으려고, 나 이용해먹으려고 이렇게 엉망으로 보고서 쓴 줄 알았어. 솔직히 너희가 넣은 자료들은 되게 좋아서 뭔가 싶었거든?

공대생1 │ 어, 그렇다니까. 처음부터 말했잖아. 내 입으로 이렇게 말하기 좀 창피한데, 공대생들은 진짜 글 쓰는 데 젬병이야. 잘하는 애들도

있겠지만 나는 진짜 전형적인 공돌이라니까. 글 읽고 쓰고 그런 거 완전 꽝이야. 수식 푸는 거야 몰라도. 지금 이렇게 목소리 높일 때가 아니야. 보고서가 급하잖아? 추가로 자료 조사할 것들 우리가 싹 다 할게. 네가 정리해서 보고서 작성만 잘해주라.

그 공대생들은 조모임 과제에 참여하기가 싫었던 것도, 민경이를 만만하게 본 것도 아니었다. 그 친구들은 정말 글쓰기에 두려움을 가지고 있는 공대생일 뿐이었다. 이후 민경이는 공대생들에 대한 강한 편견이 생겨버렸다. 공대생, 특히 공대 남학생들은 복잡한 수식을 계산하거나 자료 모으기나 잘하지 대체로 답답하고 말도 안 통할 거라는 편견이 생긴 거다. 그래서 재민이가 공대생이라는 얘기를 듣고 지레 싫다는 생각을 한 것이다.

편견 vs 고정관념

지영 ┃ 야, 그런 일이 있었으면 진작 말을 하지. 왜 말 안 했어. 네가 편견이 생길 만도 하다.

민경 ┃ 뭘 말을 해. 내가 조모임 잘못 걸린 거지. 나 공대생들 그런 줄은 정말 몰랐다. 이거 편견 아니야. 내가 겪어본 거라니까.

지영 ┃ 하핫, 그게 바로 편견이지. 너 혹시 편견이랑 고정관념이랑 어떻게 다른지 생각해본 적 있어?

민경 ┃ 편견이랑 고정관념? 같은 말 아니야?

지영 ┃ 그치, 나도 둘이 같은 뜻인가 싶었는데, 긴가민가해서 찾아본 적이 있어. 학자들도 두 개념이 굉장히 비슷하다고 하더라.

일단 두 가지 다 사람의 뇌가 충분한 근거를 가지고 인과관계를 따져 내린 판단이 아니라는 게 공통점이야. 고정관념이나 편견을 가진 사람들에게 왜 그런 생각을 하는지 이유를 물으면 논리적으로 얼른 대답하기 어려운 경우가 많아. 무의식적으로 자리 잡은 어떤 인식이 영향을 미쳐서 내려진 의사결정이라는 거지.

보통 외부에서 어떤 자극이 발생하면, 그 자극을 보고 우리는 어떻게 반응할지 판단을 먼저 내리고, 판단에 따라서 반응을 보이지. 그런데 늘 이런 식으로 반응보다 판단이 먼저 일어나는 건 아니지 않아?

민경 | 응, 맞아. 왜, "몸이 먼저 반응한다"고 할 때.

지영 | 딱 그 말이 맞아. 고정관념이나 편견에 의한 반응이 바로 그래. 자기도 모르게 자꾸만 편견과 고정관념에 따라 행동하게 되는 거지. 자기도 모르게 하는 행동, 즉 스스로가 인식하지 못하는 상태에서 판단을 내리고 행동을 한다는 건, 우리가 알아채기도 전에 뇌가 먼저 결정을 내리고 반응한다는 거지. 이게 바로 고정관념과 편견에 의한 반응의 중요한 특징이야. 그리고 편견과 고정관념 모두 자기가 속한 집단, 사회의 영향을 많이 받아.

이렇게 비슷한 구석이 많은 둘의 차이를 굳이 나눠보자면 이래. 고정관념은 어떤 집단에 대해서 그 집단에 속한 사람들은 다 이럴 거야, 라고 단순하게 일반화해서 생각하는 걸 말해.

편견은 사람들이 직접 겪어보기 전에 미리 예상하고 판단을 내리는 것을 전반적으로 가리키는 말로 쓰인대. 그리고 주로 부정적인 평가들이야. 사회심리학 분야에서 편견은 특히 감정적인 반응, 다른 사람을 평가하는 태도를 가리킨다고 해.

편견은 고정관념보다 좀 더 감정적인 판단이고, 또 전반적인 집단에 대한 평가보다 그 안에 속한 어떤 개인에 대한 평가라고 생각해도 될 것 같아. 음…… 예를 들어서, 네가 공대 남자는 다 말주변이 없을 거야, 라고 생각하는 건 고정관념이지만, 저 사람은 공대 남자라 성격이 별로일 거다. 그래서 싫다고 생각한다면 이건 편견인 거지. 좀 다르지?

민경 | 오~ 뭔지 느낌이 확 오네. 그런데 혹시 뇌에서 그 둘이 작용하는 방식도 다르대?

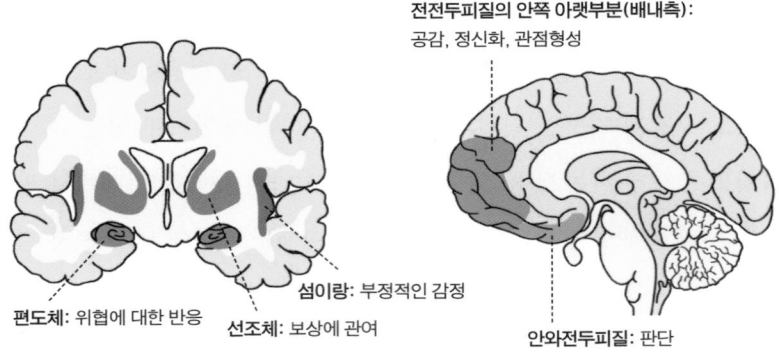

편견에 관여하는 뇌 영역

지영 ┃ 응! 그게 진짜 신기하더라. 편견이 작용할 때랑 고정관념이 작용할 때 뇌에서 활성화되는 회로도 좀 다르대. 편견은 감정적인 판단이 많이 들어간다고 했잖아? 실제로 편견이 작용하는 데에는 뇌에서 두려움을 관장하는 영역인 편도체가 중요한 역할을 한대. 사회적으로 많은 사람들이 인정하는 사실에 나도 따라야 한다는 마음이 곧 공동체에 제대로 적응할 수 있을까 하는 두려움이나 긴장감으로 나타나는 건가 봐. 또, 메스껍거나 혐오감 같은 부정적인 감정을 관장하는 영역인 섬이랑도 활발한 반응을 보인대. 이 영역 외에 안와전두피질이랑 전전두피질의 아래쪽 부분도 활성화된대. 이 두 영역은 다양한 정보를 종합해서 최종적인 판단, 의사결정을 내리는 곳이야.

그리고 전전두피질의 아래쪽 부분은 한 사람의 관점을 만들어내는 데 중요한 역할을 하는 곳이라고도 알려져 있어. 관점이라는 게 뭔지는 잘 알지? 어떤 상황을 볼 때 그 상황이 벌어진 원인이나, 그 안에서

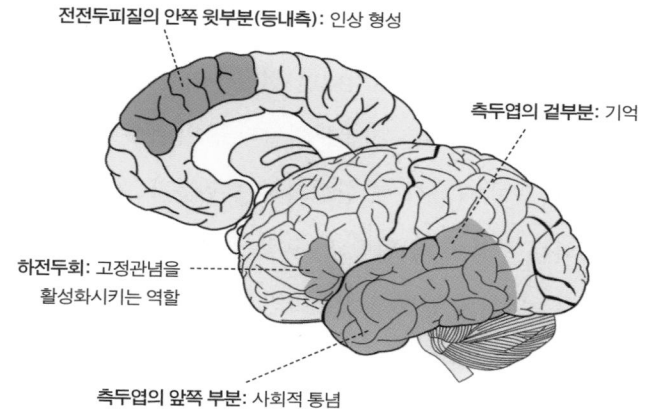

전전두피질의 안쪽 윗부분(등내측): 인상 형성

측두엽의 겉부분: 기억

하전두회: 고정관념을
활성화시키는 역할

측두엽의 앞쪽 부분: 사회적 통념

고정관념에 관여하는 뇌 영역

벌어진 사람들의 행동에 어떤 목적이 있나 같은 걸 해석하는 방식 말이야. 이런 상황에서 나는 이런 판단을 내리고 이런 행동을 취하는 게 옳다고 생각해라고 상황에 대해 종합적인 결정을 내리는 영역인 거지. 편견은 이렇게 두려움, 혐오감 같은 감정의 영향을 받아서 전전두피질의 중앙 부분과 안와전두피질이 편향된 판단을 내린 결과라고 볼 수 있어.

고정관념은 아까 좀 더 큰 규모의 집단에 대한 판단인 경우가 많다고 했지? 그리고 감정적인 판단이 굳이 들어가지 않아도 된다고 했고. 고정관념이 작동할 때는 자신과 같은 집단이나 사회에 속한 사람들, 또 그 집단에서 통용되는 지식을 저장하는 뇌 영역이 활성화된다고 해. 이런 지식을 '사회적 통념'이라고도 할 수 있겠지? 사회적 통념과 관계된 기억은 측두엽의 앞쪽 부분에 저장된다고 알려져 있어. 여기에 저장되어 있던 기억의 영향을 받아서 특정한 관점, 인상이 형성돼. 관점이 형성되는 곳은 좀 전에 얘기했던 전전두피질의 중앙 부분이야. 근데, 이게 진짜 재밌어. 같은 전전두피질의 중앙 부분이라고는 하는데, 그 중에서 편견이 작용할 때 활성화되는 부분과 고정관념이 작용할 때 활성화되는 부분이 좀 달랐대. 고정관념이 작용할 때 활성화되는 부분은 전전두피질의 안쪽에서도 약간 윗부분인데, 편견이 작용할 때 활성화되는 곳과는 다른 영역이라는 거야.

그리고 이렇게 경험이나 지식을 통해 관점과 인상이 만들어진 다음에 실제로 말이나 행동이 이뤄져야 고정관념이 표출되는 거잖아? 이 마지막 단계, 고정관념을 실제로 작동시키는 영역은 하전두회야.

• 뇌는 답을 알고 있다! 편견, 고정관념은 어떻게 생길까? •

편견과 고정관념은 어떻게 생겨날까? 편견이나 고정관념은 뇌가 학습한 결과로 만들어지는데, 이들이 생겨나는 과정에는 약간의 차이가 있다. 무의식적으로 자리 잡는 편견은 두려움이라는 감정과 관계되어 있다고 본다. 반면, 고정관념은 두려움이라는 감정보다는 개념을 학습하는 체계의 작용과 관계있다. 뇌에서 두려움을 일으키는 데는 편도체가, 개념을 학습하는 데는 측두피질과 전전두피질이 중요한 역할을 한다.

편견을 만들어내는 두려움에 대한 반응은 단 한 번의 경험만으로도 생겨날 수 있다. 반면, 고정관념을 만들어내는 개념에 대한 학습은 특정한 목적을 가지는 행동과 연관되었을 경우, 또는 여러 번 강한 인상을 받았을 때 잘 형성된다.

자, 그럼 다시 재민이 얘기로 돌아가보자. 지난 학기에 있었던 조모임 사건 덕분에 네 무의식 속에는 '공대생들은 말주변이 없고 재미가 없다'는 생각이 자리 잡게 됐어. 그리고 이 무의식은 공대생들이라는 집단 전체에 대한 고정관념이 되었어. 이 고정관념은 너의 감정적인 판단 영역에까지 침범해서, 저 사람은 공대생이니까 안 봐도 말주변이 없고 재미가 없을 거다. 나는 저 사람이 싫고 이성적으로 별로다라는 편견까지 만들어낸 거야. 어때, 내 추리가?

민경 ┃ 그래, 네 말이 맞아. 전엔 그런 생각 없었는데 지난 학기 조모임 덕분에 편견이 완전 강하게 생겨났던 게 사실이야. 그래서 재민이라는 네 친구랑 얘기하다가 공대생이라는 말을 듣자마자 어머, 애 별로야. 라는 생각이 확 들었어. 만나기가 싫어지더라고. 지영아, 근데 내가 아까 한 말 생각해보면 이 편견 나만 가진 건 아닌 것 같아. 나는 솔직히 공대생이건 음대생이건 뭐가 다르냐고 생각했었거든. 근데 그때 조모임했던 그 공대생이 먼저 나한테 그렇게 말했잖아. 공대생들이 다 글 쓰는 데 젬병이다. 자기는 진짜 전형적인 공돌이다. 그렇기 때문에 글 읽고 쓰고 그런 데 완전 꽝이라고 했잖아. 스스로가 그런 고정관념에 사로잡혀 있으니……

지영 ┃ 어머, 야 맞네. 그러네. 그런 폭탄을 만났으니 네가 부정적인 감정을 느끼는 게 진짜 당연하네. 편견까지 심어주고, 정말 폭탄이었구만! 그리고 고정관념도 사람마다 정도가 다르다는 건 알지? 근데 이 정도를 검사로 확인해볼 수도 있다?

민경 ┃ 진짜? 나 한 번 테스트해보고 싶다. 낄낄.

위쪽에 제시된 두 개의 카테고리 중 아래의 단어가 속해 있다고 생각되는 것을 선택하세요.

선택 1

흑인	백인
"알리야(Aaliyah)" 미국의 흑인 모델	

선택 2

즐거운	불쾌한
"고통(Suffering)"	

선택 3

흑인/	백인/
즐거운	불쾌한
"행복(Happiness)"	

선택 4

백인	흑인
"에미넴(Eminem)" 미국의 백인 래퍼	

선택 5

백인/	흑인/
즐거운	불쾌한
"샤니스(Shanice)" 미국의 흑인 가수	

고정관념의 정도를 평가하는 암묵적 연합 검사(IAT) 위에 제시되는 카테고리와 단어가 불규칙하게 계속 바뀌며 암묵적인 인식, 즉 고정관념을 검사한다.

지영 | 이거 인터넷에서 쉽게 해볼 수 있어. 심리학 분야에서 실제로 고정관념의 정도를 측정하려고 쓰는 검사 도구인데, '암묵적 연합 검사(IAT: implicit association test)'라는 거야. 이 검사 어떻게 하는 거냐면, 고정관념을 가질 법한 두 개의 카테고리를 먼저 제시해줘. 그다음 무작위로 단어들이 주어지는데, 그 단어들을 빠른 시간 내에 처음 제시받았던 두 개의 카테고리에 분류해 넣는 거야. 여러 개의 단어에 대해 어느 카테고리에 속하는 것 같은지 반복해서 질문을 받고 나면 내 잠재적인 고정관념이 얼마나 강한지가 수치로 분석되어 나와.

보통 사람들이 가지는 편견이 다른 인종에 대한 것들이 많거든? 그래서 편견에 대한 연구나 암묵적 연합 검사가 실시된 예를 보면 흑인과 백인에 대한 평가를 이용한 경우가 되게 많아.

민경 | 아, 정말? 요즘엔 인종을 두고 서로 다르다고 생각하는 경향이 별로 강하지 않은데. 하긴, 수십 년 전엔 다른 인종에 대해 다르다고 생각하고 차별도 많이 했었지. 그러고 보면 나와 같은 사회, 공동체에 속하는 사람들이 공동체를 보호하기 위해서 공동체 밖에 있는 사람들을 배척하려던 게 점점 심해져서 편견을 만들어낸 것 같기도 하다.

지영 | 응. 그거 사실이야. 실제로 편견이 만들어진 이유 중 하나로 꼽히는 게 지나치게 강한 공동체 의식이거든. 사람 말고 무리 지어 사는 동물도 보면 같은 무리 안에 속하는 개체랑 다른 무리에 속하는 개체를 구분하잖아. 그리고 자신이 속한 무리를 보호하기 위해서 다른 무리에서 온 개체에게 배타적이고 공격적인 태도를 취하지.

민경 | 그러네~ 그런 배타적이고 공격적인 태도가 곧 부정적 감정이랑도 이어지겠네. 그런데 사람들이 사는 사회는 다른 동물들이 이루는 공동체에 비해 규모도 엄청 크고, 얽혀 있는 이해관계도 더 복잡하니까 누구에게 부정적인 인식을 갖게 되느냐도 좀 다르겠다. 인간 사회에서는 공동체라는 것의 경계가 좀 모호하잖아. 나랑 다른 공동체에 속해있던 사람이 어느 순간 나랑 같은 공동체 구성원이 되어 있기도 하고. 이런 상황에서는 편견이나 고정관념이 너무 강하면 오히려 불리해질 수 있을 것 같아. 원래는 나와 내가 속한 공동체를 지키려고 생겨난 거였다지만 반대가 되는 거지. 요즘처럼 나라나 민족의 경계가 뚜렷하지 않고 모든 인간이 평등하고 같은 권리를 가진다고 여겨지는 시대에는 말이야.

지영 | 그래~ 고정관념, 그보다 편견은 별로 좋을 게 없다니까. 그래서 말인데 민경아, 재민이는 진짜 네가 만난 공대생들 같지 않거든. 내가 절친이라서 편드는 게 아니야. 진짜 그런 애가 없다니까? 내가 재민이한테 이런저런 일이 있었다고 잘 얘기해볼 테니까 한 번 만나보는 건 어때?

민경 | 어? 나 좀 창피한데……, 그래도 될까? 재민이도 편견이 생겼으면 어떡해.

· 편견이나 고정관념을 없애려면 ·

편견과 고정관념이 굉장히 심각해질 경우, 사회적으로 큰 문제를 일으킬 수도 있다는 것은 너무도 당연한 사실이다. 그런데 이렇게 심각하게 생각하지 않더라도 심한 편견이나 고정관념은 좋지 않다. 뱀은 위험하다는 내재적 관념 때문에 뱀 무늬도 보지 못하는 사람처럼, 개인이 가진 공포증 역시 편견, 고정관념과 관계되어 있다. 이런 경우는 편견, 고정관념이 개인의 일상생활에까지 지장을 주는 예다.

편견과 고정관념이 생기는 과정, 또 그 결과 나타나는 반응에 관여하는 뇌의 역할과 기작을 완전히 이해하면 거꾸로 편견과 고정관념을 없애거나 약화시킬 수도 있을지 모른다. 그리고 실제로 편견과 고정관념을 줄이기 위한 다양한 방법이 연구되고 있다. 실제로 많이 시행된 방법은 부정적인 고정관념이나 편견을 가진 대상에 끊임없이 노출을 시키는 것이다. 대신, 부정적 인식을 가진 대상에 노출이 될 때 긍정적인 반응을 이끌어낼 수 있는 다른 자극을 동시에 준다. 그러면 부정적 인식을 가지고 있던 대상과 긍정적인 반응이 연결지어지며 뇌가 새롭게 학습을 하게 된다. 이런 자극이 강하게 오랫동안 반복되면 대상에 대한 인식이 긍정적인 것으로 변할 수 있다.

지영 │ 날 믿어봐. 후후. 너 올더스 헉슬리의 『멋진 신세계』 읽었지?

민경 │ 응. 그거 신생아들한테 잠자는 동안 방송으로 수면 학습 시키는 내용 나오는 거 맞지?

지영 │ 어, 맞아. 딱 중요한 장면을 기억하고 있네. 과학자들이 실제로 수면 학습을 시도해보고 있는 거 알아? 『멋진 신세계』에서 수면 학습을 받고 자란 아기들은 신분이랑 계급에 대한 강한 고정관념이 생기잖아? 이렇게 고정관념은 무의식 속에 자리 잡고 있는 건데, 과학자들이 뇌의 작용을 더 많이 이해해서 무의식에 접근하려는 시도도 하고 있어.

실제로 인종에 대해서 편견을 가지고 있던 사람들에게 자는 동안 그 사람들의 편견에 반대되는 내용을 들려줬더니 편견이 완화된 연구 결과도 있어. 인종에 대한 편견은 꽤 강한 건데도 완화가 됐다잖아. 너도 이 참에 재민이를 만나서 공대생에 대한 안 좋은 기억, 편견을 다 떨쳐버려야지. 다 널 위한 거야. 깔깔.

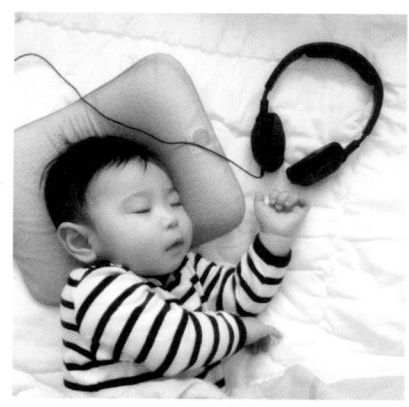

'수면 학습' 자면서 공부하는 것이 정말 가능할까?

11장

두려움은 옳는다
감정의 전이

여름방학엔 농활이지!

지난해 여름, 방학을 맞아 호준이와 재민이, 우영이는 특별한 경험을 했다. 방학 동안 남들 다 가는 곳으로 여행을 가는 게 아니라 뭔가 의미 있는 경험을 하고 싶었고, 이것저것 찾아본 결과, 강원도 산골 마을에 있는 분교를 찾아가게 된 것이다.

그 분교는 학생 수가 점점 줄어들다가 결국 두 명밖에 남지 않게 되면서 폐교된 곳이었다. 우영이가 분교에 다니던 학생이 운영하던 블로그를 우연히 보게 되면서 이 여행을 계획하게 됐다. 처음엔 이런 델 가서 뭘 할 수 있겠냐는 생각도 했지만 결국 우영이의 설득에 모두가 넘어갔다. 중학생 때까지 시골에서 살았던 우영이는 자신의 어렸을 적 경험을 들어가며 분교에 가자고 친구들을 설득했다.

우영 │ 얘들아, 나 진짜 이 친구 블로그 보고 너무 공감됐어. 너넨 공감 안 되니? 생각해봐. 우리는 도시에 사니까 하고 싶은 것 다 하고 지내잖아. 야구도 보러 가고, 피씨방도 가고 놀 게 얼마나 많아. 그게 다가 아니야. 도서관이나 서점도 가까이에 있으니 가서 책 보고 공부하기도 쉽잖아. 너희는 어렸을 때부터 도시에 살아서 잘 모르겠지만, 나는 중학생 때까지 완전 촌에 살아서 도시생활이 얼마나 편한지 알아. 독서실이 뭐냐, 영화관은 또 뭐고. 진짜 집 앞에 논밖에 없었다. 그리고 이 친구 학교 폐교되기 전에 얘랑 다른 학생이 한 명 더 있었대. 근데 그 학생은 또 얼마 전에 도시로 이사를 갔다더라. 그래서 이제는 이 동네에 얘밖에 없대. 학교 가는데 한 시간 걸린다는데, 그게 말이나 되니? 얘는 방학 때 시골 집에서 할머니 할아버지 농사일 도와드리고 공부는 혼자 자습서 가지고 하나 봐. 봐 봐, 얘가 지금 중2거든. 2년만 지나면 고등학생이야. 지금은 중학생이니까 혼자 열심히 해본다고 해도, 고등학교 가면 학교에서 다 같이 자습도 할 텐데, 얘는 집이 머니까 학교에서 늦게까지 자습도 못할 거란 말이지. 등하교 하는 데만도 시간이 두 시간은 걸리는데 공부하기 좀 어렵겠어?

호준 │ 하긴 그래. 근데 우리가 가서 겨우 며칠 같이 지내는 걸로 이 친구한테 도움을 줄 수 있을까?

우영 │ 아, 물론이지. 단 며칠이라도 이 친구한테는 엄청 큰 도움이 될 거야.

재민 │ 그래. 난 좋을 것 같다. 같이 놀아주기도 하고 우리도 좀 준비를 해가서 공부도 도와주자. 혹시 폐교에서 잠도 잘 수 있나? 만약에 되면 재미도 있고 숙박비도 절약하고 일석이조일 거 같은데?

폐교의 시계는 간다

이렇게 호준이와 친구들은 강원도 산골 마을로 떠나게 되었다. 삼일 동안 머무르면서 폐교 건물에서 잠도 자기로 했다. 그 마을은 오래전 탄광 개발이 한창일 때 부흥했던 곳이었다. 젊은 사람들은 탄광이 폐광된 뒤 도시로 다 떠나버리고 마을엔 할아버지, 할머니들만 남아 있었다. 마을에 있는 분교가 폐교 된 것은 1년 전인데, 두 명의 학생 중한 명이 도시로 이사를 가버리면서 학교 문을 닫는 것이 확정되었다고 한다. 이 마을에 남아 있는 마지막 학생이 바로 블로그를 만들어 운영하던 친구였는데, 이 친구는 할아버지 할머니와 함께 살고 있었다.

마을 어르신들은 오랜만에 학생들이 찾아와 줘 즐겁게 얘기하고 웃으니 당신들도 덩달아 즐거워진다며 호준이와 친구들을 아주 반갑게 맞아주셨다. 호준이와 친구들은 저녁을 먹고 마을 어른들과 헤어져 폐교로 들어갔다. 빈 교실에 들어가니 이미 매트리스가 세 개 펼쳐져 있었다. 난생 처음 하는 경험에 다들 신이 나서 쉽게 잠들지 못하고 바깥이 깜깜해질 때까지 수다를 떨었다.

호준 | 야, 몇 시야? 나 핸드폰 꺼졌어.

깜깜해진 바깥을 흘끗 보며 호준이가 물었다.

우영ㅣ어, 나도 꺼졌는데. 여기 교실에 시계 없나?

재민ㅣ야, 폐교됐는데 시계가 있겠어?

우영ㅣ있다! 저기 시계 걸려 있다. 심지어 아직 살아 있어. 말도 안 돼! 진짜 지금 두 시야?

호준ㅣ그러게, 벌써 두 시네? 초침 움직이는 거 맞는데.

우영ㅣ우아, 한 열 시쯤 됐을 줄 알았는데. 우리 이제 자자. 내일은 그 친구 만나서 같이 공부도 해야 하니까.

재민ㅣ야, 근데…… 나 화장실 가고 싶어.

화장실에 가고 싶다더니 재민이는 꼼짝을 하지 않는다. 몸이 굳고 눈빛은 흔들린다. 그 모습을 보니 호준이와 우영이도 괜히 몸이 떨리기 시작한다.

우영ㅣ너 왜 그래? 얼른 갔다 와, 화장실 저기 복도 끝에 있어.

재민ㅣ알아.

호준ㅣ너 혹시…… 큰 거냐? 큭큭. 나 여행용 티슈 챙겨왔어. 그거 가져가.

재민ㅣ아니 그게 아니라…….

우영ㅣ뭐야, 왜 그래? 왜 그런지 말을 해봐.

재민ㅣ나 무서워.

호준 ᐟ 뭐? 야, 됐어. 빨리 갔다 와. 여기가 뭐 귀신 나오는 산장도 아니고.

우영 ᐟ 그래, 여기 화장실 아까 보니 진짜 깨끗하더라. 완전 우리 집이랑 똑같은 화장실이야.

재민 ᐟ 아~ 그러지 말고 진짜 같이 가주면 안 돼? 한 명만 같이 가자 진짜. 진짜 제발. 오줌 마려워 죽을 것 같은데 진짜 혼자 못 가겠어.

호준 ᐟ 실컷 재미있게 웃더니 왜 갑자기 무섭대. 나는 솔직히 너 오줌 누는 동안 밖에서 기다리면 더 무서울 것 같아서 못 가겠다. 미안!

우영 ᐟ 그러면 그냥 현관 나가서 화단에 얼른 누고 와.

재민 ᐟ 아, 그럴까? 그래야겠다. 갔다 온다. 먼저 잠들면 안 돼! 치사한 놈들!

아닌 척하지만 재민이를 보내고 나니 호준이도 우영이도 점점 무서운 생각이 든다. 갑자기 교실 앞문이 덜컥 열릴 것만 같고, 창문에선 누가 몰래 지켜보고 있을 것 같다. 교실에 남겨진 우영이와 호준이는 갑자기 말이 없다. 점점 불안한 마음이 들기 시작한다. 같이 웃고 떠들 땐 마냥 즐겁기만 했는데, 재민이가 무섭다는 말을 꺼낸 이후부터 왠지 호준이와 우영이도 마음 한 켠에 두려움이 자라나기 시작한 것이다.

호준 | 아, 이거 다 재민이 때문이야, 괜히 무섭다고 그러니까 나까지 무서워졌잖아.

우영 | 그러니까 말이야. 나도 무섭네 괜히. 아까도 초침 소리가 저렇게 컸어?

호준 | 우영아.

우영 | 왜?

호준 | 손 잡고 있자.

우영 | 아~ 너까지 왜 그러냐. 됐어. 난 그 정도는 아니야. 그나저나 오줌 누러 간다던 애는 왜 이렇게 안 와?

호준이는 턱 밑까지 이불을 끌어올렸다. 눈만 이리저리 돌리다가 깜깜한 창밖을 내다봤는데, 헉! 창밖에서 누군가가 커다란 바위를 집어 던지려는 것이다!

호준 | 으아아악!

우영 ˈ 왜 뭔데 왜!!

호준이는 이불을 박차고 일어나 교실 앞문으로 뛰어갔다. 우영이도
덩달아 소리를 지르며 호준이를 쫓아갔다. 바로 그때 앞문이 덜컥 열
리며 재민이가 나타났다.

재민 ˈ 악! 뭐야! 왜! 너네 왜 그래!
호준 ˈ 저, 저, 차, 창문에…….

호준이와 우영이는 말도 제대로 잇지 못한다. 그런데 재민이는 우영
이와 호준이에게 제대로 눈길도 주지 않고 창가로 성큼성큼 걸어간다.

재민 ˈ 할머니, 이 새벽에 어떻게 여길 오셨어요?
할머니 ˈ 으응, 학생들 수박이라도 좀 먹으라구 가지고 왔어. 새벽이
라니, 인제 열 신데 뭐.
재민 ˈ 네? 이제 열 시라구요?
할머니 ˈ 그래. 자 이거 수박 받아. 아, 내가 키가 작아서, 수박을 이 창
가에 번쩍 올려놓으니 저기 저 학생이 그걸 보고 깜짝 놀란 모양이야.
시커먼 게 갑자기 휙 나타나니 놀랬는가 보지. 자고 있었는가? 호호.

호준이가 본 창가의 그림자는 날아드는 바위가 아니라 할머니가 들
고 오신 수박이었던 거다. 우영이와 호준이는 앞문에 그대로 주저앉아

있다.

재민 | 아, 진짜? 우하하하, 너네 깜깜한 데 있다가 잘못 보고 놀랐구나.

호준이와 우영이는 주섬주섬 일어나 할머니께 꾸벅 인사를 한다.

재민 | 아니 그런데 할머니 저기 시계 좀 보세요. 저 시계가 가더라고요. 저 시계는 두 시 십 분인데요? 저 시계 틀린 거예요? 아까 저걸 보고 저희는 새벽 두 시인 줄 알았어요. 핸드폰이 다 꺼져가지고 확인도 못하고요.
할머니 | 아아~ 저 시계? 저거 시계가 틀렸어. 가긴 가는 모양인데, 약이 다 돼서 느리게 가나보지. 나는 갈게, 학생들 쉬어~

할머니는 수박을 건네주고는 손을 흔들며 휘적휘적 운동장을 빠져나가셨다. 그제야 호준이와 우영이는 매트리스로 돌아와 앉는다.

마음이 전염된다고?

재민 | 너네 진정 좀 됐어? 갑자기 벌떡 일어나서 소리 지르는 바람에 할머니도 놀라셨겠다. 큭큭.
호준 | 아…… 나 진짜 무서웠어! 이불 뒤집어쓰고 가만히 누워 있는데 할머니 얼굴은 안 보이고 시커먼 덩어리를 든 손이 창문에 턱 나타

나는 거야. 나 누가 돌 던지는 줄 알고 진짜 혼비백산했다. 할머니 얼굴까지 보였으면 더 놀랐을 것 같지만.

우영 | 근데 재민이 넌 우리가 이렇게 소리 지르는데 놀라지도 않았어? 아까 오줌 누러 갈 때는 무섭다고 벌벌 떨더니 네가 제일 멀쩡하네.

재민 | 둘이 있는데도 그렇게 무서웠어? 그렇게 무서우면 그냥 둘 다 같이 좀 가주지. 벌 받은 거다. 큭큭. 나 진짜 그냥 현관 나서서 화단에 일 봤거든. 나가보니까 밖에 달빛이 환해서 교실이 제일 어둡더라. 막상 나가니까 훤해서 무서운 마음이 싹 사라졌어. 그리고 오줌 누고 돌아서는데 저쪽에서 할머니가 운동장을 가로질러 오시는 거야. 창문으로 수박 넣어준다고 하셔서 난 이미 알고 들어왔지.

호준 | 아 그랬구나. 아무튼 원인은 너 때문이야. 재민이 네가 아까 무섭다고 얘기하는 바람에 무서운 마음이 전염되어서 그런 거 아냐.

재민 | 전염? 마음이 전염된다고?

우영 | 그래~ 호준이 말이 맞아. 원래 감정이 전염되는 거 몰라? 아까 재민이 네가 무섭다고 하는 순간 호준이랑 나한테 그 무서움이 싹 옮아온 거라고. 원래 사람 마음이란 게 옆에 있는 사람들한테 쉽게 전염이 된단 말이야. 아까 저녁 때 마을 어르신들이 우리가 즐겁게 웃으니까 당신들도 즐겁다고 하셨던 거 기억나? 그것도 우리의 즐거운 마음이 할아버지 할머니들께 전염되어서 그런 거고.

재민 | 진짜? 할아버지 할머니들이 우리랑 같이 즐거워하셨던 건 맞지. 그분들은 근데 정말 우리가 온 게 기뻐서 그러신 거 아니야? 마음이 어떻게 전염이 돼? 냄새처럼 감정이 무슨 분자로 이루어져 있기라

도 한 거야?

　우영｜어, 그 말 틀린 말은 아니야. 우리가 무섭거나 기쁘거나 하는 감정을 느끼면 표정이나 몸짓으로 그 감정이 표현되잖아? 예를 들어서 깜짝 놀라면 눈을 크게 뜬다거나, 즐거울 때는 웃음이 나오는 게 다 그렇지. 아 그래, 아까 빨간 안경 쓰고 계시던 할머니. 그 할머니는 웃으실 때 계속 박수를 치셨잖아? 이렇게 표정이나 몸짓을 통해서 감정이 표현되면, 그걸 지켜보고 있는 사람들한테도 그 감정이 피어오르게 되는 거야. 감정이 주변 사람에게까지 전파되는 거지. 다른 누군가가 표정이나 목소리, 몸의 움직임을 통해 감정을 표현하면 그걸 바라보고 있는 사람은 자기도 모르게 그와 비슷한 표정이나 몸의 움직임을 취하게 돼. 저도 모르게 따라하게 되는 거지. 방금 호준이가 깜짝 놀라서 뛰쳐나가려고 할 때 나도 모르게 같이 뛰어나갔잖아? 사실 나는 할머니 그림자 보지도 못했거든. 근데 호준이가 눈이 동그랗게 커지는 걸 보니까 나도 눈도 커지고 입도 벌어지고 그랬어. 바로 이런 거야. 관찰한 걸 보고 몸이 먼저 반응을 일으키고, 그다음 뇌가 이 몸의 반응을 받아들이고 내가 처한 상황을 인식하게 되는데, 그 반응이 누군가의 감정으로 인한 것이었다면 나도 같은 감정을 느끼게 되는 거지.

재민 | 우영이 네 말을 들으니 기쁨은 나누면 두 배, 슬픔은 절반이라는 속담이 떠오른다. 즐거운 일이 있을 때 소리 내어 웃고, 즐거운 걸 표현하면 그걸 보는 사람도 함께 즐거워하게 된다는 이 속담처럼 진짜 기쁨은 나누면 두 배가 되는 거네. 그리고 또 슬픈 마음이 들 때 막 엉엉 울고 그러면 그걸 보는 사람이 같이 슬퍼해주잖아? 생각해보면 같이 슬퍼해주는 사람은 사실 슬플 이유가 전혀 없잖아. 단순히 내 얘기를 듣거나 행동을 보면서 나와 같은 감정을 공유하게 되는 것. 정말 감정이 전염되는 거네.

• 먹는 것만 봐도 배가 부르다? •

할머니가 손자를, 또 사랑하는 사람이 맛있게 음식을 먹는 걸 볼 때 우리는 "네가 먹는 것만 봐도 배불러"라는 말을 한다. 심지어 "네가 웃으면 나도 좋아"라는 노래 가사도 있다. 정말 내 입으로 음식이 들어간 것도 아닌데 내 배가 부르고, 나에게 즐거운 일이 딱히 없어도 상대가 즐거워하는 것만으로 나도 즐거워질 수 있을까? 아니면 모두 상대방의 호의를 얻기 위한 새빨간 거짓말까?

과학자들은 사람들에게 다양한 감정을 불러일으킬 수 있는 사진을 제시하고 그 사진

속 상황을 관찰할 때 사람들에게 나타나는 신체 반응, 뇌 활성의 변화, 또 주관적인 기분 변화를 살펴봄으로써 내가 직접 겪지 않은 상황에 대한 공감이 어떻게 일어나는지 확인했다.

사람들에게 제시된 상황은 한 사람이 다른 사람을 무기로 위협하는 상황과 두 사람이 자연스럽게 대화를 하는, 감정적으로 중립적인 상황이었다. 전자의 경우 감정적 공감, 즉 신체적 반응을 동반하는 공감을 유발하는 조건으로, 후자의 경우 인지적 공감을 유발하는 조건으로 이용되었다. 상황을 표현하는 사진을 여러 장 제시받으면서 피실험자는 일부 사진에 대해서는 사진 속 두 사람 중 한 사람에게 집중하도록 요청받았다.

결과를 보니 사람들은 중립적인 상황에 비해 감정을 유발하는 상황을 관찰했을 때 스스로 감정 변화를 많이 느꼈다고 답했다. 또 감정을 유발하는 상황을 관찰할 때 사진 속 인물의 얼굴, 즉 표정에 더 많이 시선을 주었으며, 뇌 활성에서도 차이가 나타났다.

이 연구에서 한 사람이 다른 사람을 위협하는 상황을 관찰하는 동안 사람들의 뇌에서는 불특정하게 '불쾌함'에 반응하는 영역이 활성화되었다. 나와 관계없는 상황 속에 놓인 불특정한 인물을 관찰하는 것만으로도 상대와 같은 감정을 느끼는 회로가 활성화되는, 감정적 공감 반응이 뇌에서 일어난 것이다.

감정적 공감이 유발된 경우를 인지적 공감이 유발된 경우와 비교해보니 활성화되는 영역이 더 넓었으며, 주로 뇌의 중앙 쪽이 활성화됐다. 또 사진 속 상황에서 위협을 가하는 사람보다 위협을 받는 사람에게 집중하라고 요청받은 경우 이 같은 활성도가 더 높게 나타났다. 인지적 공감을 하는 경우 뇌의 겉부분이 더 활성화되었다. 즉 감정적 공감과 인지적 공감은 뇌에서 활성화되는 영역으로도 구분이 된다.

좀 더 자세히 살펴보자. 인지적 공감보다 감정적 공감을 할 때 특히 활성화된 영역은 후두회의 중앙 부분이었다. 이 영역은 사람 몸의 형태를 인식한다고 알려진 영역(EBA: extrastriate body area)으로, 이전부터 감정을 표현하는 '보디랭귀지'를 처리한다고 생각되어왔던 부분이다.

인지적 공감을 할 때 특히 활성화되는 영역은 세 군데 정도가 있었는데, 전전두피질의 중앙 부분이 대표적이었다. 이 영역은 상대의 입장을 이해하는 마음의 이론을 수행하는 영역으로도 알려져 있으며, 감정을 느끼는 것보다는 인지적인 이해를 통해 공감을 하는 데 더 관여하는 것으로 보인다.

감정의 전이와 거울신경

호준 │ 그러네, 그 속담 말 된다 진짜. 다른 사람이 겉으로 감정을 표현하는 걸 보면 나도 모르게 그 감정을 느끼게 된다는 거구나. 그거 거울신경 세포 얘기 같기도 하다.

재민 │ 거울신경? 그건 뭐야?

우영 │ 아~ 거울신경. 그렇지, 그거 맞아. 거울신경은 이름 그대로 그 작용이 거울 같은 세포야. 내가 지금 보고 있는 광경을 거울에 비춘 것처럼 반응을 하거든. 만약 지금 재민이 네가 저 수박을 잘라서 먹는다고 해보자. 네가 수박을 들고 우적우적 씹어 먹으면, 나는 그 수박을 먹지 않더라도 너를 보면서 수박을 먹는 것 같은 느낌을 받을 수 있어. 수박의 맛, 수박의 향기, 수박을 씹을 때 느껴지는 느낌 같은 걸 너를 보면서 떠올리는 거지. 이게 바로 거울신경의 작용 때문인데, 머릿속에 있는 거울신경이 내가 지금 보는 광경을 보면서 반응을 하기 때문이야.

과학자들은 원숭이를 통해서 거울신경의 존재를 확인했어. 원숭이에게 다른 원숭이가 땅콩을 집어먹는 걸 보게 했는데, 그동안 원숭이의 뇌 활동을 확인해봤더니, 이 원숭이가 스스로 땅콩을 집어먹을 때 활성화된 영역이 그대로 활성화된 거야. 더 신기한 건 원숭이에게 땅

콩이 주머니 안에 들어 있는 걸 알려준 뒤에 다른 원숭이가 그 주머니에 손을 넣는 걸 보여줬더니, 그것만 보고도 땅콩을 먹을 때 활성화되던 영역이 활성화되더라는 거야. 자기가 지금 보는 광경에 대해서 뇌가 먼저 반응을 한 거지. 다른 사람이 즐거워서 막 손뼉 치며 웃는 걸 보면, 내 머릿속의 거울신경이 반응해서 나도 그 즐거움을 느낄 수 있는 것도 다 마찬가지야.

· 감정을 옮기는 뇌 ·

사람의 뇌에서 감정 전이와 관계된 영역으로는 하전두회와 하위두정소엽이 꼽힌다. 하전두회는 이전에 보고 들은 경험을 통해 형성된 기억에 비추어 상대의 행동 변화를 분석한다. 관찰한 행동 변화가 어떤 목적을 가지고 있는 것인지 이해하는 것이다.

재미있는 사실은 신체의 움직임을 일으키는 데 관여하는 전운동피질의 활성은 인지적 공감을 할 때와 감정적 공감을 할 때 큰 차이를 나타내지 않았다는 것이다. 이 영역에는 다른 사람의 움직임을 보고 따라하는 행동에 관여하는 '거울신경'이 분포해 있다. 거울신경 세포는 타인의 움직임을 분석한 뒤 나에게서 같은 움직임을 일으키는 데 중

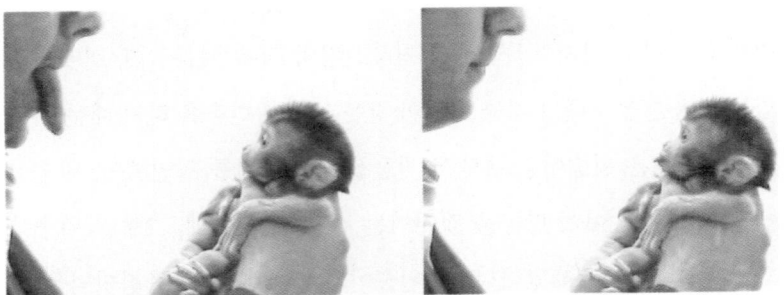

아기 원숭이가 사람의 행동을 보고 따라한다. 이렇게 얼굴 표정을 따라하는 데도 '거울신경' 역할을 한다고 생각된다.

요한 역할을 한다고 생각된다.

관찰한 타인의 움직임과 똑같이 내 몸을 직접 움직여본다면 아무래도 타인의 상황을 이해하고 그 상황에의 감정을 느끼는 데 도움이 될 것이다. 때문에 거울신경의 역할과 타인의 움직임을 그대로 따라하는 행동은 감정적 공감인지 인지적 공감인지에 관계없이 '공감'을 일으키는 기작의 기본적인 단계로 역할을 한다고 생각되고 있다.

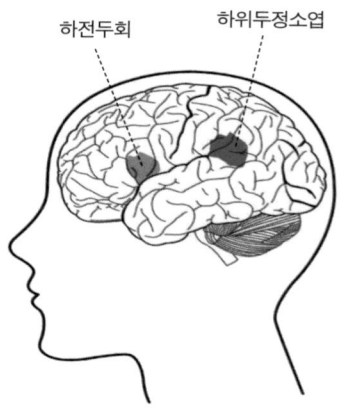

하전두회   하위두정소엽

감정이 냄새처럼 퍼져나갈 수도 있을까?

재민 ┃ 오, 그거 신기하다. 왜 동물이나 곤충들 사이에서는 페로몬이라는 게 있잖아? 페로몬처럼 사람들 사이에서도 감정을 느낄 때 몸 안에서 호르몬 같은 게 방출되지는 않아? 만약 그런 게 있다면 그런 물질을 통해서 감정이 전파될 텐데. 어떻게 생각해? 사람들 사이에서도 쉽게 느끼지 못해서 그렇지 페로몬이 작용할 수도 있는 거 아니야?

우영 ┃ 재민이 말처럼 진짜 그런 게 있으면 재미있을 것 같다. 그리고 내가 알기로 예전에 과학자들이 그런 생각을 한 적도 있어. 하지만 실제로 이런 호르몬이 검출되었다는 보고는 없지. 우리 중 누구도 그런 얘기 들어본 적 없지 않아? 감정을 조절하는 호르몬은 있어. 엔도르핀이 그중 하나지. 이런 호르몬에 대해서는 알려진 게 많지만 아까 재민이 네가 얘기한 것처럼 감정이 냄새 분자처럼 퍼져나가는 건 아니라는 얘기지.

재민 | 그럼 정말 눈으로 관찰한 걸 뇌가 인식해서 감정이 퍼져나간다는 거네? 뭔가 신기하다. 그런데 같은 사람끼리가 아니라 다른 동물이랑도 감정을 나눌 수 있어?

우영 | 응. 물론이지. 같은 종의 동물끼리 교감하는 건 당연하고, 사람이랑 다른 동물도 교감할 수 있어. 개와 주인 사이에서 감정적인 교류가 일어난다는 건 과학자들이 확인하기도 했어. 옥시토신이라는 호르몬 들어봤어? 이 호르몬은 사랑의 호르몬이라고 불리기도 해. 보통 아이를 가진 엄마에게서 그 양이 늘어난다고 알려져 있거든. 그런데 강아지랑 주인 사이에서도 교감을 할 때 옥시토신이 분비된대. 과학자들이 실제로 확인을 해봤는데, 오래 키운 강아지랑 주인이 서로 눈을 마주치고 교감을 하는 동안 강아지와 주인 모두에게서 옥시토신 수치가 높게 검출되더래. 이때 옥시토신도 냄새 분자처럼 서로를 향해 뿜어져 나왔다고 볼 수는 없거든. 아마 나의 애완견, 또 나의 주인님을 바라보면서 뇌가 반응을 보인 결과였을 거야. 서로 다른 종인 사람과 개에게서 동시에 같은 감정적 반응이 일어났다, 즉 감정적으로 공감했다는 사실이 진짜 재미있지 않아?

호준 | 맞아. 전에 뉴스에서 온라인 소셜 네트워크 서비스를 이용하는 사람들끼리도 감정 전이가 일어난다는 얘기 들은 적 있어.

재민 | 와, 정말? 그 수많은 사람들을 직접 불러서 뇌 활성 같은 걸 확인해봤단 말이야?

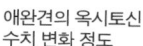

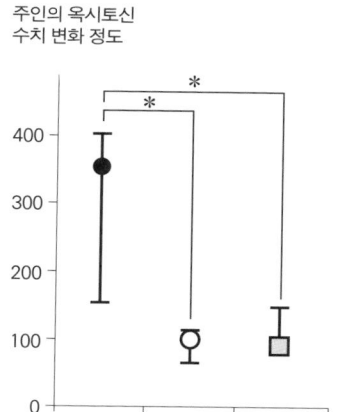

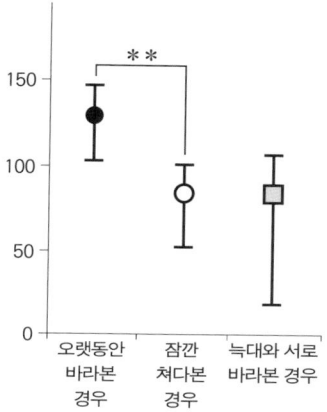

개가 자신의 주인과 서로 오랫동안 바라봤을 때, 잠깐 쳐다본 경우에 비해, 그리고 사람이 늑대와 서로 바라본 경우에 비해 주인(왼쪽 그래프)과 개(오른쪽 그래프) 모두의 옥시토신 수치가 높아졌다. 개와 사람의 상호 작용으로 둘에게서 같은 감정 변화가 나타나는 것을 확인한 결과다(Miho Nagasawa et al., 2015).

호준 | 아니, 그것까진 아닌데, 하하. 소셜 네트워크 서비스에서 뉴스피드에 긍정적인 포스트가 연속해서 올라오면 그걸 본 사람은 긍정적인 포스트를 올리는 경우가 훨씬 많았대. 반대로 뉴스피드에서 부정적인 포스트를 계속 본 사람은 부정적인 포스트를 올리는 경우가 훨씬 많았고. 원래 직접 눈으로 다른 사람의 행동이나 표정을 관찰한 경우에 감정적 전이가 일어나는 거라고 생각했는데, 글로 표현된 감정을 보는 것만으로도 반응이 일어난다는 거지.

재민 | 와, 생각보다 내 말이나 행동, 표정 하나가 엄청난 영향력을 가질 수 있겠구나. 신기하네.

12장

그것 참 좋아 보이는군!
사회적 학습, 따라하기

노는 것도 때가 있다

재민 | 야, 큰일 났어 얼른 모여 봐.

호준 | 뭔데? 무슨 일이야?

　도서관에서 서로 등을 마주 대고 공부를 하던 재민이가 갑자기 심각한 목소리를 낸다. 손가락을 입에 가져다 대며 조용히 하라는 신호를 주더니 이내 휴게실로 따라 나오라는 신호다. 재민이에게 무슨 일이라도 생긴 걸까? 호준이와 우영이는 어리둥절하기만 하다. 휴게실에 모여 앉자 호준이와 우영이는 동그랗게 놀란 눈을 하고 재민이를 바라본다. 재민이는 왠지 모르게 결연한 얼굴이다.

우영 | 왜왜? 뭔데?

재민 | 얘들아. 너희 혹시 라디오 들었니.

우영 | 라디오……?

호준 | 아니, 나 데이터 거지잖아. 라디오 못 들어.

재민 | 아, 그렇지. 나 진지하다, 잘 들어. 우리가 지금 몇 살이냐.

우영 | 스물한 살이지.

재민 | 너희들, 이런 생각해본 적 있니? 젊음이 얼마나 소중한지 말이야. 이렇게 도서관에 콕 박혀서 하루하루를 보내는 게 얼마나 아깝냔 말이다.

호준이와 우영이는 더 어리둥절한 표정으로 서로를 바라본다.

호준 | 갑자기 무슨 소리야, 가만있어도 저절로 하루하루가 가는걸. 시간 아까운 줄 알고 열심히 공부해야지.

재민 | 아유 참. 잘 생각해봐. 우리 군대 갔다 오고 취직 준비하고 그러면 앞으로 놀 틈이 있을 것 같아? 저녁 때 농구 한 판 할 여유조차도 사라질 거라고. 다른 사람들이랑 똑같이 내내 공부만 하다가 졸업하고, 졸업해서 회사원 되면 마냥 좋을 것 같니? 이대로 젊음을 그냥 흘려보낼 수는 없다고 본다.

우영 | 음…… 그래 네 말이 맞긴 하다. 다들 1, 2학년 때 실컷 놀아두라고 하던데. 작년에는 학교 적응한다고 딱히 놀지도 못했던 것 같아. 근데 라디오 얘기하는 줄 알았더니 갑자기 왜 이런 진지한 얘길 해?

도서관에 처박혀 있는 내가 우울해진다, 야.

　재민ㅣ하하, 서론이 너무 길었나. 있잖아, 우리 패기롭게 도전을 한번
해보자.

　눈을 반짝이며 말하는 재민이와 달리 호준이와 우영이의 눈빛은 걱
정으로 흔들린다.

　재민ㅣ좀 전에 내가 라디오를 듣는데 대학 가면 하고 싶은 일들 순위
가 나오더라고. 올해 고3인 학생들 대상으로 설문조사를 했나 봐. 이
것저것 나오는 걸 듣다 보니 갑자기 생각난 건데, 우리 주말에 번지점
프하러 가지 않을래?
　호준ㅣ뭐어? 번지점프?!
　재민ㅣ그래. 번지점프! 완전 재미있을 것 같지 않냐?
　우영ㅣ그거 얘기하는데 이렇게 서론을 장황하게 하냐? 나 괜히 긴장
했잖아~ 쓸데없이 말 길게 하는 건 진짜 알아줘야 된다니까.
　재민ㅣ하하하. 아무튼 그럼 이번 주 토요일에 번지점프하러 가는 거
다?

단 한 번의 기회

　재민이와 호준이, 우영이는 정말 번지점프를 하러 갔다. 가기 전에
는 다들 신나고 들떴는데, 막상 점프대를 실물로 보고 나니 긴장이 되

는 것이었다.

재민 | 야, 잊지 말라고. 한 사람 긴장하기 시작하면 전부 다 긴장된다는 거.

우영 | 하나도 긴장 안 되는데? 재밌겠다, 오예!!

잔뜩 들뜬 우영이와 달리 호준이와 재민이는 계속 긴장된 표정이다.

호준 | 근데, 저거 높긴 좀 높다. 그치? 으흐흐.

재민 | 우리 바로 올라가지 말고 남들 어떻게 하나 좀 구경하자. 구경해서 어떻게 하면 재미있게 뛸 수 있나 연구를 하고 가야겠어.

호준이와 친구들은 번지점프대가 잘 바라보이는 호숫가에 앉아 뛰어내리는 사람들을 구경했다. 처음에 높은 번지점프대만 바라볼 땐 무서운 마음이 들었는데, 하나같이 즐거운 비명을 내지르며 뛰어내리는 사람들을 보니 무서운 마음이 좀 가시는 것도 같았다. 각양각색의 자세로 뛰어내리는 사람들을 보고 나니 그중 한 가지라도 따라해보고 싶은 마음도 들었다.

호준 | 우아, 저 사람 좀 봐. 저 사람은 두 팔을 쫙 벌리고 뛰네.

재민 | 그러게, 저렇게 뛰니까 되게 멋지다.

우영 | 우리도 기왕 뛰는 거 저렇게 뛰어보자. 저게 더 좋아 보여.

호준 | 오~ 좋은데? 이제 슬슬 가보자.

점프대에 올라선 재민이와 우영이는 어떤 자세로 뛰어내릴지를 얘기하느라 잔뜩 신이 났다. 드디어 차례가 왔다.

안전요원 | 하나, 둘, 셋, 번지~!
재민 | 끄아아아아악~~!
우영 | 이야아아~~~!

순식간에 떨어지는 속도에 재민이와 우영이는 모두 똑같은 자세로 뛰어내렸다. 어설프게 두 팔을 벌리고 소리를 지르며 뛰어내리는 친구들에게 구경하는 사람들과 안전요원이 박수를 쳐줬다. 그런데 박수 정도는 호준이의 점프에 대한 반응에 비하면 아무것도 아니었다.

마지막으로 뛰어내린 호준이는 처음 떨어지는 순간 너무 긴장했는지 팔을 어쩌지 못하고 옆구리에 딱 붙이고 있었다. 한 번 크게 떨어진 뒤 반동에 의해 몸이 위로 솟아오르자, 그때 갑자기 생각났다는 듯 재민이와 우영이처럼 두 팔을 급히 펼치는 것이다. 재민이와 우영이는 아래에서 그 모습을 보고 한바탕 웃음이 터졌다.

재민 | 으하하하! 쟤 뭐 하는 거야? 완전 웃겨! 으하하하!

우영 | 깔깔, 대박이다. 호준이 완전 긴장했나 봐. 나 무슨 변신 로봇인 줄 알았다. 깔깔깔!

재민이와 우영이뿐 아니라 아래에서 대기하고 있던 안전요원들도 다 떨어진 뒤에 갑자기 팔을 뻗치는 호준이를 보고 웃음이 터졌다. 안전요원의 도움으로 내려온 호준이는 아직도 웃고 있는 재민이와 우영이를 보면서 머쓱한 표정을 지었다.

호준 | 야! 그만 웃어. 나 처음에 너무 긴장해가지고 그래. 하핫.

우영 | 그냥 팔 붙이고 뛰면 되지 뭘 굳이 팔을 뻗으려고 애를 쓰냐. 하하하.

호준 | 다들 그렇게 하니까 나도 하고 싶어서 그랬지. 팔을 뻗어야 더 재미있어 보이잖아. 아, 민망해.

재민 | 큭큭. 맞아. 아까 밑에서 보니까 팔 뻗고 뛰는 게 더 재미있어

보이긴 하더라. 나도 그래서 쭉 뻗고 뛰었는데. 어때? 팔 안 뻗었을 때랑 뻗었을 때랑 진짜 좀 달라?

호준 ┃ 아, 몰라. 사실 팔 뻗었을 땐 이미 다 내려온지라 느낌도 없었어, 큭큭. 그건 그렇고, 배고프지 않아? 우리 이제 점심 먹자.

자장면 비비기의 고수

호숫가 주변에 펼쳐진 잔디밭을 보니 많은 사람들이 이미 점심을 먹고 있었다. 도시락을 싸서 나온 가족들이 대다수였는데, 그중 눈에 띄는 사람들이 있었다. 세 친구는 누가 먼저랄 것도 없이 한곳을 가리켰다.

재민 ┃ 저기 봐 봐.
호준 ┃ 오~ 메뉴 정해진 거지?
우영 ┃ 오케이. 저거다.

세 친구가 발견한 것은 바로 자장면을 시켜먹고 있는 사람들이었다. 저 멀리 공원 입구를 보니 중국집의 현수막이 보였다. 전화를 걸어 주문한 지 십 분이나 지났을까, 자장면이 배달되어왔다.

재민 ┃ 와 진짜 빠르다. 얼른 먹자.
호준 ┃ 엇, 너 뭐해?

그릇의 랩 포장을 벗기던 호준이가 재민이를 보고 묻는다.

재민 ┃ 어, 너 이거 몰라? 랩을 먼저 벗기지 말고 이렇게 그릇을 원을 그리면서 돌리면 자장면 다 비벼져. 젓가락으로 애써서 할 필요도 없고, 튀지도 않고 이게 훨씬 낫지.

호준 ┃ 엄청난데? 나도 따라할래.

재민 ┃ 너는 이미 늦었지, 랩을 다 벗겼잖아. 큭큭큭. 그거 다시 덮어서 돌리다가는 자장 다 새어 나오고 난리난다.

아쉬워하는 호준이를 두고 우영이는 재민이를 따라 그릇을 마구 돌려본다.

우영 | 오~ 잘되는데? 야 오늘 별거 다 배운다. 번지점프할 때는 두 팔을 벌려서 뛰고, 자장면 비빌 때는 젓가락으로 비비지 말고 그릇을 돌린다.

재민 | 엄청 잘 비벼지지? 근데, 이런 식으로 다른 사람들이 하는 걸 보고 따라하고, 배우게 되는 걸 뭐라고 하는 줄 알아?

호준 | 응? 따…… 하기? 아니 이게 무슨 현상 같은 거야?

재민 | 어. 따라하기 맞아. 근데 따라하는 걸 좀 유식한 용어로 문화적 전파라고도 할 수 있지. 왜 어릴 때 보면 동생이 나 하는 거 다 따라하고 그러잖아. 그것도 괜히 그러는 게 아니라 다른 사람의 행동을 보고 따라하면서 배우는 과정인 거야.

호준 | 이야~ 네 말 들으니까 또 호섭이 생각이 나네. 그 녀석 나 따라하는 거 장난 아니었어. 심지어 코 파는 것까지 따라하더라니까.

우영 | 하하하. 네가 몹쓸 걸 가르쳤네! 어린 동생이 네 행동 보고 다 배우는 건데. 우리 아까 번지점프할 때도 먼저 뛴 사람들 보고 배운 거 잖아. 그 사람들이 선생님도 아니고, 솔직히 번지점프하는데 무슨 방법이 정해진 것도 아닌데 왠지 꼭 저렇게 해야 될 것 같다는 생각이 들더라. 호준이 너도 그래서 다 뛰어놓고 갑자기 팔 뻗은 거 아니야? 크큭.

호준 | 맞아 맞아. 불굴의 의지로 따라했지.

재민 | 지금 자장면 먹는데 너희가 나 그릇 돌려서 비비는 거 보고 따라하고 싶다는 생각하는 것도 마찬가지 아니겠니. 왠지 모르지만 좋아

보인다. 왠지 모르지만 따라하고 싶다. 이런 거. 원래 사람들은 다른 사람이 뭐 하는 걸 보면 자기도 모르게 따라하곤 해. 따라하는 건 배우는 방법의 하나거든. 그것도 꽤나 효율적인 방법이지.

호준ㅣ 그게 정말 좋은지 아닌지도 모르는데 어떻게 무작정 따라하는 게 더 효율적이야? 유명하고 똑똑한 사람이 말로 설명해주는 경우나 공신력 있는 책이나 신문에 글로 설명된 걸 읽고 배우는 게 더 효과적이지 않아? 아니면 직접 여러 가지로 시도를 해보는 방법도 있고. 사실 내가 직접 해보는 게 세상에서 제일 믿을 만하지 않나?

우영ㅣ 물론 네 말대로 직접 시행착오를 거치면서 더 나은 방법을 찾아나갈 수도 있지. 그런데 잘 생각해보면 다른 사람이 자기 경험을 말이나 글로 설명해주는 걸 들어서 배우는 것도 결국 따라하는 거 아니겠어? 그리고 말이나 글을 전해 듣고 이해하는 것보다 실제로 행동하는 것을 보고 따라하는 게 좀 더 쉽고 정확할 수도 있을 것 같은데? 동영상이나 사진을 보고 따라하는 게 쉽잖아.

재민ㅣ 맞아. 혼자 여러 가지 방법을 시도해보는 것보다 누굴 그대로 따라하면 더 빠르게 배울 수 있을 것 같지 않아? 비용도 적게 들고. 처음 가본 음식점에서 베스트 메뉴, 추천 메뉴를 고르는 것도 마찬가지지 뭐. 번지점프할 때도 여러 번 시도해보는 게 아예 불가능했고. 이렇게 기회가 여러 번 있는 게 아닐 때는 특히 다른 사람이 하는 걸 보고 제일 좋은 방법을 따라하는 게 가장 효율적인 방법일 것 같아.

호준ㅣ 네 말도 맞는 구석이 있다. 근데 또 어떻게 생각하면 이래. 만약에 번지점프를 스릴 있게 하는 진짜 최고의 방법이 있다고 해보자

고. 근데 어떤 사람이 그 방법이 아닌 자기가 좋아하는 방법으로 번지
점프를 한 거야. 그리고 그걸 본 다른 사람들이 다 우리처럼 생각하고
그 사람만 따라한 거지. 그럼 바보 같지만, 결과적으로는 모두가 최고
의 방법을 선택하지 않은 게 되잖아? 시간과 비용을 절약한 줄 착각하
고 있는 거지. 실제로는 그렇지 못한 데도 말이야.

　재민 ┃ 사실 그 말도 맞아. 그래서 실제로 과학자들이 슬롯머신 게임
을 이용해서 어떤 학습법이 더 효과적인지를 확인해봤대. 어떤 사람
들은 스스로 시행착오를 거치면서 게임을 하도록 하고, 어떤 사람들
은 다른 사람이 먼저 게임하는 것을 보고서 게임을 하도록 한 거지. 그
랬더니 혼자서 이것저것 시도해서 승률을 높인 사람보다 다른 사람이
하는 걸 보고 따라한 사람들이 더 빨리 승률을 높였더래. 결국 따라하

기가 더 효과적인 학습법이었다는 거지. 그리고 누군가를 보고 따라하는 건 혼자서 할 수는 없잖아? 그래서 사회적 학습법이라고도 한대. 여러 개체가 사회를 구성한 집단에서만 가능한 학습법인 거지.

호준 │ 오~ 그럼 그게 결국 문화가 되는 거겠네. 사회 내에서 개체들이 서로 따라하는 행동이 반복되고 퍼져나가는 것. 그래서 한 사회를 이루는 개체가 비슷한 생각을 하고, 어떤 상황에서 비슷한 행동을 하는 게 일종의 문화잖아.

• 백 번째 원숭이 효과와 혹등고래의 사냥 문화 •

'백 번째 원숭이 효과'는 꽤 유명한 이야기다. 1960년대에 일본의 과학자는 한 원숭이가 흙이 묻어 있는 고구마를 바닷물에 씻어 먹기 시작하자 다른 원숭이들도 줄줄이 고구마를 바닷물에 씻어먹는 것을 관찰했다. '백 번째 원숭이 효과'는 고구마를 바닷물에 씻어먹는 원숭이가 하나둘 늘어나다가 백 번째 원숭이가 고구마를 씻어먹게 되자,

고구마를 물에 씻어먹는 원숭이

섬 전체의 원숭이가 모두 고구마를 물에 씻어먹게 되었다는 것으로 어떤 문화나 현상이 사회 전체에 퍼지는 임계점을 지칭하는 용어다. 정말 백 번째 원숭이가 등장하는 순간 모든 원숭이들에게 '고구마를 물에 씻어먹는 문화'가 퍼졌는지는 정확히 알 수 없다. 하지만 한 마리의 행동을 다른 원숭이들이 하나둘 따라하게 되었다는 것은 분명한 사실이다.

따라하기는 다른 모습으로도 관찰되었

다. 원래 원숭이들은 모래밭에서 밀알을 하나씩 골라 먹었는데, 한 원숭이가 밀알이 섞인 모래를 한 줌 집어 물가에 가 뿌렸다. 이렇게 하면 모래는 물 아래로 가라앉고 밀알만 물 위에 동동 뜬다. 원숭이는 물 위에 뜬 밀알을 편하게 떠먹었고 다른 원숭이들도 이걸 보고 다들 따라하기 시작했다.

물 위에 뜬 밀알만을 골라먹는 원숭이

원숭이들의 따라하기 행동은 실험실 환경에서도 연출되었다. 영국의 과학자가 버빗 원숭이들에게 파란색과 분홍색으로 물들인 곡식을 주면서 한 가지 색의 곡식만 먹도록 훈련시켰다. 이 무리에 속한 원숭이들은 훈련받은 한 가지 색의 곡식만 먹고, 다른 색 곡식은 절대 먹지 않았다. 이 무리에, 색을 입힌 곡식을 본 적도 없는 새로운 원숭이들을 섞어주었다. 그랬더니 아기 원숭이는 물론이고, 성인 원숭이 역시 기존의 원숭이들을 따라 정해진 색의 곡식만 먹는 것이었다. 왠지 모르지만, 저들이 하는 걸 보니 예를 들어 파란색은 좋은 것, 분홍색은 못 먹는 것, 또는 안 좋은 것이라고 여긴 모양이다. 재미있는 것은 새로운 무리에 합류하자마자 서열 1위 자리를 차지한 수컷 원숭이가 있었는데, 이 원숭이는 누가 무얼 먹든 상관하지 않고 아무 곡식이나 집어먹었다고 한다. 무서울 게 없는 녀석이니만큼 누굴 따라하고 말고 할 이유도 없었던 모양이다.

원숭이뿐 아니라 바다에 사는 혹등고래에게서도 문화의 전파가 관찰되었다. 혹등고래는 작은 물고기를 잡아먹고 산다. 보통 혹등고래는 물고기 떼의 아래쪽에서 공기방울을 뿜어대어 물고기들이 공기방울을 피해 한곳에 모여들게 만든 뒤, 입을 벌리고 위로 올라가 한 번에 포식을 한다.

혹등고래의 서식지를 관찰하던 과학자들이 어느 날 처음 보는 광경을 목격했다. 한 혹등고래가 물고기의 아래에서 공기방울을 뿜는 게 아니라 바다 표면을 꼬리로 내리쳐서 물고기들을 사냥하는 것이었다. 이 장면은 1980년에 관찰된 150번의 혹등고래의 사냥 중 딱 한 번 관찰되었다. 그런데 2007년이 되자 걸프만에 서식하는 혹등고래의

혹등고래

37퍼센트가 이 같은 방식으로 사냥을 하고 있었다. 과학자들이 혹등고래의 행동을 면밀히 분석해본 결과 오랜 시간을 함께 보내는 고래들끼리 비슷한 사냥 방식을 쓰고 있었다. 즉 고래들 사이에서 새로운 사냥법이라는 문화가 서로를 따라하는 방식을 통해 전파된 것이다.

우영 │ 생각해보면, 누가 다른 사람을 따라해봤는데 그게 별로면 별로라고 소문을 내겠지. 그럼 더 이상 사람들이 따라하지 않을 거고. 해보니 괜찮았으니까 다른 사람들이 또 따라해도 내버려두고, 또 자기도 새로운 걸 시도하지 않고 그러는 거 아닐까? 아까 번지점프하는 사람들 구경할 때도 두 팔 쫙 벌리고 뛰어내리는 사람들 표정이 엄청 밝고 즐거워 보였잖아. 밑에서 구경하는 사람들도 막 환호하면서 좋은 반응을 보여줬고. 따라하는 것도 아무거나 다 따라하는 게 아니라 주변의 반응을 보고 정말 좋아 보이는 것에 대해서만 반복되는 거겠지.

호준 │ 맞네 맞네. 진짜 좋은 것, 필요한 것만 반복적으로 따라하고 그게 문화로 굳어지는 거네. 앞으로는 호섭이가 나 따라하면 그냥 내버려둬야겠다. 다 이 형이 잘났기 때문에 따라하는 것인 걸 여태 몰랐네. 으하하하!

13장

녹색 눈의 괴물
사회적 감정 ② 질투심

립 서비스라는 게 있지

재민이가 아르바이트를 하고 있는 카페로 지영이가 성큼성큼 들어온다. 반가운 표정으로 재민이가 눈짓을 한다. 그런데 카운터로 성큼성큼 다가온 지영이의 표정은 쌀쌀맞기만 하다.

지영 ᅵ 야, 너네 지난 주말에 번지점프하고 왔다며?
재민 ᅵ 응! 너도 들었어? 진짜 재미있었어!
지영 ᅵ 그래~ 재미있었겠지, 엄청나게!
재민 ᅵ 어?

인사도 없이 지영이는 카운터 앞에 서서 재민이를 향해 날 선 눈빛을 쏘아댄다.

지영 │ 작년 여름방학에는 농활도 너희들끼리만 쓱 갔다 오더니 번지 점프도 자기들끼리만 갔다 오고, 나는 친구도 아니니? 진짜 치사하다. 같이 갈래라고 물어보지도 않아?

재민 │ 너는 당연히 안 갈 것 같아서 안 물어봤지. 지난 번에 농활 갈 때는 물어봤잖아. 안 간다고 하길래 이번에도 안 갈 줄 알았어. 물어보면 갈 거였어? 미안하다.

지영 │ 아니! 당연히 물어봤어도 같이 안 갔겠지만, 넌 립 서비스라는 것도 모르니? 마치 너희 셋끼리만 단짝 친구인 양 그렇게 놀러 다니고. 내가 가느냐 안 가느냐가 중요한 게 아니라 너희가 나랑 함께하고 싶냐, 아니냐의 문제 아니겠어? 흥!

지영이는 콧방귀를 뀌고 휙 돌아선다. 지영이가 나가려는 찰나 우영이가 카페에 들어온다. 반가운 표정으로 인사를 하려는 우영이에게도 지영이는 차가운 눈빛을 날리고 나가버린다.

우영 │ 야, 뭐야? 너 지영이랑 싸웠어?

재민 │ 아니, 나도 모르겠어! 갑자기 들어오더니 인사도 안하고 막 뭐라고 하고 간다?

우영 │ 잉? 네가 뭐 잘못한 거 아니야? 왜 그런대?

재민ㅣ우리 지난 주말에 번지점프하러 간 거 네가 말했어?

우영ㅣ아니, 안 했는데?

재민ㅣ아, 뭐지? 호준이가 말했나?

우영ㅣ근데 그건 왜? 설마 지영이가 자기 빼놓고 셋이 갔다고 뭐라고 한 거야?

재민ㅣ어. 바로 그거야.

우영ㅣ망했네. 잠깐 기다려 봐. 내가 호준이한테 물어볼게.

우영이는 호준이에게 문자를 보내본다. 분명 호준이 밖에는 얘기할 사람이 없을 거라는 생각이다. 그런데 웬걸!

우영ㅣ으잉? 재민아, 호준이도 말 안 했다는데? 아, 모르겠다. 시간 지나면 또 풀리겠지. 며칠 있어보자.

우영이는 시간이 해결해줄 거라며 맘 편히 돌아갔지만 재민이는 기분이 영 좋지 않았다. 나쁜 짓을 한 것도 아니고 친구들끼리 번지점프하러 간 건데, 어디서 어떤 식으로 얘기를 들었길래 지영이가 화가 났는지 이해가 안 된다.

범인은 엉뚱한 곳에

재민이와 우영이에게 한바탕 신경질을 내고 집에 돌아온 지영이도 기분이 좋지 않다. 그렇게 화만 내고 올 일은 아니었다는 생각이 들기도 한다. 지영이는 복잡한 마음에 일찌감치 침대에 드러누워 발길질만 계속한다.

지영 | 아오, 진짜 나 왜 이러는 거야? 창피해 죽겠네. 애네가 나보고 뭐라고 하겠어. 속 좁다고 실망할 거 아냐. 아니지, 내가 한 말이 틀린 건 또 아니잖아. 나만 쏙 빼놓고 자기들끼리 놀러 다녀도 되는 거야? 그리고 애네들끼리 번지점프하러 갔다 온 걸 내가 왜 민경이한테 들어야 하냐고. 맘에 안 든다고 할 땐 언제고 나보다 더 가깝게 지내는 거야?

그랬다. 지영이가 화가 난 제일 큰 이유는 농활에 이어 자기만 빠진 것 같아서도, 같이 갈 건지 물어보지 않아서도 아니었다. 자신과 제일 친하다고 생각했던 친구의 이야기를 다른 친구를 통해 들은 것이 분했던 거다. 그게 뭐가 분할 수 있겠냐고 생각할 수도 있겠지만 이야기를 들은 상대가 민경이라는 게 문제였다.

민경이는 지난 번 지영이가 재민이에게 소개시켜줬던 친구다. 재민이가 공대생이라는 말을 듣고 만나보지도 않았다길래 설득해서 둘을 다시 만나게 했다. 그런 뒤 재민이와 민경이는 친한 친구로 지내게 되었다. 그런데 왠지 그때부터 지영이는 민경이가 이전만큼 좋은 친구로 생각되지 않는 것이었다. 특히 민경이를 통해 가끔 재민이 소식을 듣는 게 여간 기분 나쁜 게 아니었다. 괜히 둘을 소개시켜줬다는 생각이

들 때마다 그런 생각을 하는 자신이 창피하기도 했지만, 그 생각을 멈출 수도 없었다.

복잡한 마음에 잠도 오지 않는데 마침 메시지가 왔다. 호준이었다. 우영이에게 연락을 받은 호준이는 이상하다는 생각이 들었고, 직접 지영이에게 물어보기로 마음먹은 것이다. 호준이의 메시지를 제대로 읽어보기도 전에 지영이는 호준이를 만나 모든 걸 털어놔야겠다는 생각부터 들었다.

내 안의 '녹색 눈 괴물'

다짜고짜 호준이를 불러냈지만 막상 저만치서 다가오는 호준이를 보자 지영이는 어디부터 말해야 할지 막막해지기 시작한다.

지영ᐧ 호준아, 여기야! 늦게 불러내서 미안.

호준ᐧ 아니야. 괜찮아. 우리끼리 번지점프하러 가서 미안하다. 헤헤. 너 그것 때문에 화났지.

지영ᐧ 아니야아! 재민이랑 우영이가 그래?

다행인지 아닌지 호준이가 먼저 번지점프 얘기를 꺼낸다.

호준ᐧ 아니 뭐. 헤헤. 혹시 너 무슨 일 있었어?

지영ᐧ 아니…… . 사실 네 말이 맞아. 너희들끼리 번지점프하러 갔다고 해서 좀 짜증났어. 근데 그게 문제가 아니라, 내가 그 얘기를 누구한테 들은 줄 알아?

지영이는 얘기가 술술 나온다.

지영ᐧ 너 내 친구 중에 민경이라고 알아?

호준ᐧ 어? 저번에 재민이 소개시켜준 친구 아니야?

지영ᐧ 맞아. 내가 민경이한테 그 얘길 들었다. 얼마나 기분 나빴는지 알아?

호준ᐧ 아, 그, 그래?

호준이는 아직 의아한 표정이다.

지영 | 야, 내가 얼마나 짜증나는지 알아? 내가 민경이 걔한테 재민이 얘기를 들어야 되니? 내가 더 친한 친군데? 처음에 이런 생각 들 때 내가 이상하고 유치하다고 생각했는데, 계속 반복되니까 너무 열 받는 거 있지. 너 이해하지? 걔네 둘이 사귀는 것도 아닌데 왜 그렇게 붙어 다녀?

그제야 호준이 얼굴에 알겠다는 표정이 스친다.

호준 | 아~ 크큭. 야, 너 재민이 좋아하냐?
지영 | 뭐?! 좋아하냐고? 그, 그래! 좋아하지. 친구로서. 내가 재민이만 좋아하니? 너도 좋아하지.

진지한 표정을 짓고 있는 지영이 앞에서 호준이는 웃음을 참느라 힘들어 보인다.

호준 | 그래. 알지. 근데 그런 거 말고. 너 민경이랑 재민이랑 잘될까 봐 질투하는 거 아니야? 내 눈에는 지금 그렇게 보이는데.
지영 | 아니거든?! 순수하게, 우정 때문에 질투가 난다면 모를까.
호준 | 뭐 어찌됐건, 하나도 이상할 건 없지. 원래 우리 뇌 속에는 질투라는 녀석이 자리 잡고 있다는 거 너도 알고 있지?

지영┃그건 나도 알지. 셰익스피어의 작품『오셀로』에도 "녹색 눈의 괴물"이라는 캐릭터가 나오잖아. 영어로 '녹색 눈의 괴물(green-eyed monster)'이 질투심을 뜻하기도 하고. 근데 내가 왜 민경이한테 질투를 하게 됐는지는 납득이 잘 안 되는데. 좋지도 않은 감정이잖아.

• 녹색 눈의 괴물, 질투심 •

질투심은 사회적 관계 속에서 타인과 나를 비교하여 바라볼 때 발생하는 감정이다. 재산이나 사회적 지위, 그 밖의 여러 가지 이유에서 상대방이 나보다 우위에 있다고 느껴질 때, 우리는 그 사람에 대해 질투심을 느낀다. 타인에 대한 인식은 자신을 스스로를 평가하는 데 있어 내면의 가치나 기준만큼 중요한 역할을 한다. 질투는 타인에 대한 인식과 나 자신에 대한 인식을 비교하는 과정에서 만들어지며, 나 자신에 대한 이미지를

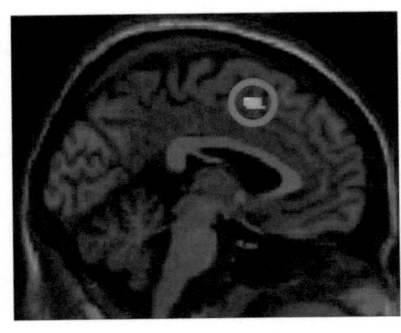
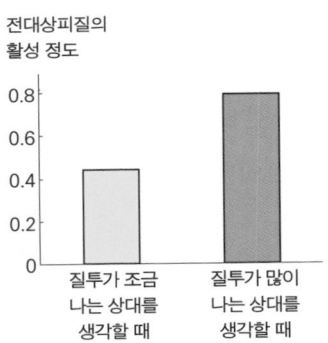

피실험자가 질투심을 느끼는 사람에 대해 생각하는 동안 자기공명영상을 촬영했다. 왼쪽 사진에서 붉은색으로 표시된 영역이 전대상피질의 위쪽 부분이다. 오른쪽 그래프에서 노란색 막대는 낮은 정도의 질투심, 빨간색 막대는 높은 정도의 질투심을 느끼는 상대를 생각하는 동안 전대상피질의 위쪽 부분(dACC) 영역의 활성 정도를 비교한 것이다. 질투심을 느끼는 정도는 문답지를 통해 점수로 확인했다(Hidehiko Takahashi et al., 2009).

형성하는 데 있어서도 매우 중요한 감정이다.

질투를 느끼는 데는 뇌의 전대상피질 영역이 관여한다. 이 영역이 활성화되는 정도는 상대방에 대한 질투심에 비례한다. 전대상피질 영역 중 특히 위쪽 부분은 내가 머리로 알고 있던 것과 외부의 자극 등을 통해 느끼는 것이 상충할 때, 즉 인지적 상충이 일어날 때 활성화된다. 또 사회적 관계에서 느껴지는 정신적 고통을 느낄 때에도 활성화된다고 알려져 있다. 질투를 느끼게 되면 질투의 대상이 되는 사람이 가진 것이나 그 사람이 얻은 이익을 나도 얻거나 그 사람이 그것을 잃어버리기를 바라게 된다. 이 과정에서 마치 내가 갖고 있던 것을 잃거나 손해 본 것 같은 착각을 하게 되고, 정신적 고통을 느끼게 되는 것이다.

호준 | 에이, 질투심이 나쁜 감정이라고 볼 수는 없지.

지영 | 왜? 다른 사람에게 좋은 일을 보고 부정적인 감정을 느끼는 거잖아. 남의 일에 대해 어떻게 할 수도 없는데 에너지만 괜히 소비하고.

호준 | 다른 사람에게는 좋지만 너에게는 안 좋은 일이 일어난 건 맞잖아. 적어도 좋은 일이 일어나지는 않았으니까. 난 질투가 안 좋다고 생각해본 적은 없어. 더군다나 기쁨, 슬픔, 두려움 같은 단순한 감정과는 달리 다른 사람들이랑 복잡한 사회적 관계를 맺는 과정에서만 나타나는 감정이잖아. 우리가 얼마나 복잡하고 감성적인 존재라는 증거니. 그리고 선의의 경쟁이라는 말도 있잖아. 경쟁하고 질투하는 게 노력의 원동력이 될 수도 있지. 적절하게 질투심을 느낄 수 있다는 건 오히려 자랑스러워해야 할 일이라고 보는데? 너 정신화라는 말은 들어봤어?

지영 | 응. 사람의 뇌가 보고 들은 걸 머릿속으로 재구성해서 마치 내가 경험한 것처럼 상황을 이해하는 과정이라고 알고 있어.

호준 | 맞아. 여기서 우리가 주목할 건 그 과정에서 다른 사람과 내 상황을 자연스럽게 비교하게 된다는 거야. 정신화 과정, 즉 타인의 상황을 이해하는 과정에서 나와 다른 상황에 놓인 사람을 잠재적인 경쟁 상대로 여기고 그 사람이 얻는 이익과 내가 얻고 있는 이익을 비교하게 되는데, 이 과정에서 질투가 생기는 거지. 실질적인 경쟁관계에서 어떤 상호 작용을 하는 건 아니지만 '만약 내가 그 상황에 놓였더라면' 하고 상상하면서 상대에게 일어난 좋은 일을 보면 뇌는 '저 이득은 내가 얻을 수 있었는데 저 사람이 가져간 거다'라고 판단해버린다는 거지.

지영 | 맞네. 그 상황에 그 사람 대신 내가 있었다면 하고 상상하는 거. 복권 당첨된 사람 얘기 들으면서, 아 내가 그 복권을 샀더라면 생각하고 누가 뭐 좋은 걸 했다고 하면, 아, 내가 가서 그걸 해봤더라면 얼마나 재미있었을까 생각하는 거. 그럼 왠지 배 아프잖아.

· 질투 vs 고소함 ·

타인이 즐거워하는 걸 보고 기분 나빠하는 것은 질투다. 그럼 타인이 괴로워하는 것을 보고 즐거워하는 감정도 있을까? 어찌 보면 순서만 조금 바뀌었을 뿐 비슷한 것처럼 들리지만, 후자는 남의 불행을 고소해하는 것으로 질투와는 분명 다르다. 우리말로는 '쌤통이다!' 싶은 마음 정도로 표현할 수 있겠다.

독일어에는 이 감정을 표현하는 단어(schadenfreude)가 있는데, 실제로 이 감정을 표현할 때 독일어 단어를 그대로 사용해 "샤덴프로이데"라고 한다. 샤덴프로이데와 질

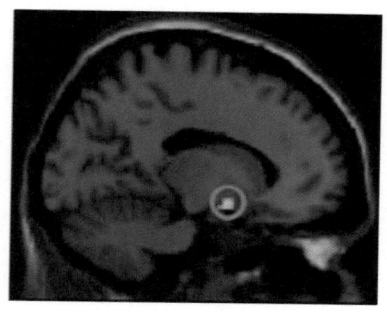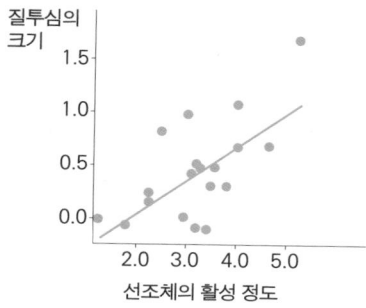

샤덴프로이데, 즉 고소함을 느낄 때 활성화되는 선조체 영역. 오른쪽 그래프의 가로축은 선조체의 활성 정도, 세로축은 문답을 통해 드러난 질투심의 정도로, 질투심이 강할수록 고소하다는 생각도 많이 들었다는 걸 확인할 수 있다(Hidehiko Takahashi et al., 2009).

투심 모두 타인과 나를 비교하는 마음에서 비롯된 것이지만, 샤덴프로이데에 대해 활성화되는 뇌 영역은 질투심에 대해 활성화되는 영역과는 차이가 있다. 특히 샤덴프로이데에 대해서는 좌측보다 우측 뇌가 더 활성화되는 경향을 보인다. 또 사회적 고통이나 나 자신에 대한 인식 과정에 반응하는 전대상피질보다 보상을 인식하는 영역인 선조체, 특히 아래쪽 부분이 반응하는 것이 확인됐다.

'고소하다'는 감정은 아무 상관없는 사람보다 평소 질투심을 느끼던 상대에 대해서 더 쉽게 느껴진다. 상대방이 좋지 않은 일을 당했을 때 느낄 수 있는 감정은 생각보다 다양하다. 무감각할 수도 있고, 그 사람의 불행에 공감해서 동정이나 연민, 슬픔을 느낄 수도 있다. 나한테는 일어나지 않은 일이라는 데서 안도감을 느낄 수도 있다. 샤덴프로이데는 그 사람이 잘못되었다는 사실에 대해 즐거움을 느끼는 것이다. 상대방이 내가 질투하는 대상이라면 더 강하게 느껴진다는 게 이해가 간다.

실제로 선조체 아래쪽 영역의 활성은 고소함을 더 많이 느낄수록, 또 그 대상에 대한 질투심이 강할수록 더 높게 나타났다.

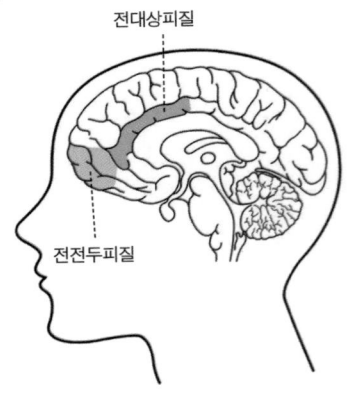

전대상피질

전전두피질

호준 | 바로 그거야. 내가 아까 뇌 속에 질투가 있다고 했잖아? 다른 사람이랑 비교하고 경쟁심을 느낄 때 진짜 활성화되는 뇌 영역도 있다고 해. 전전두피질의 아래쪽 부분이랑 전대상피질이라는 곳.

지영 | 전전두피질의 아래쪽? 그 영역은 상대의 생각을 추측하고 이해하는 능력이랑 관계있는 곳인데?

호준 | 아, 진짜? 그 영역에 손상을 입은 환자들은 눈치도 느리고 다른 사람의 감정도 잘 파악하지 못한대. 그리고 우뇌보다 좌뇌의 전전두피질 아랫부분이 질투를 할 때 더 활성화된다고 하더라. 좌뇌의 전전두피질 아랫부분에 손상을 입은 환자를 살펴보니까 지적 능력은 온전해도 질투심을 잘 느끼지 못했고, 그에 더해서 다른 사람이 질투심을 느끼는 걸 이해하지도 못하더래.

지영 | 오, 그거 신기하다~ 전대상피질은 어떨 때 활성화된대?

호준 | 전대상피질은 다른 사람이 나보다 더 뛰어난 조건이나 능력, 지위를 가지고 있다는 상황을 제시했더니 활성화되더래. 이거야말로 진짜 질투심 같지? 그리고 상대에 대한 질투심을 더 강하게 느낄수록 활성화 정도도 증가하더래.

지영 | 아~ 전전두피질 영역은 다른 사람의 상황을 이해하고 정신화하는 과정에 더 관여하고, 전대상피질은 감정적인 반응 쪽에 더 관련

있는 것 같네. 질투심은 내부에서 감정적 동요가 일어난다는 게 중요한 점이기도 하고, 스포츠 경기처럼 드러내놓고 어떤 보상을 위해 경쟁하는 거랑 좀 다르잖아.

호준 │ 맞네. 왜 질투할 때 고통에 반응하는 뇌 영역도 활성화된다며? 정신적으로 고통, 스트레스를 느낀다는 거 아니겠어? 너도 괜히 민망해하지 말고 솔직해지는 게 좋을 것 같다.

호준이의 마지막 말에 지영이는 얼굴이 새빨개지며 일어난다.

지영 │ 어? 무슨 소리야, 그런 거 아니라니깐!!

14장

말하지 않아도 알아요
마음의 이론

네가 내 마음을 알아?

금요일 저녁, 학교 앞은 골목마다 학생들로 바글바글하다. 반대로 도서관은 평소보다 더 조용하다. 그 안에 호준이가 보인다. 마음잡고 공부를 하겠다며 놀러 나가자는 친구들의 손도 뿌리치고 도서관에 온 건가⋯⋯ 싶었는데 그건 아닌 것 같다. 침으로 책장을 적시며 잠에 빠져있다. 사서선생님이 슬그머니 뒤로 다가가 호준이를 툭툭 건드린다.

사서 │ 이봐 학생. 좀 일어나지 그래요?

호준이가 깜짝 놀라며 일어난다. 민망해하며 입가에 흐른 침을 닦는

데 사서선생님이 자리를 뜨지 않으신다. 호준이가 흘끔거리며 눈치를 보자 사서선생님이 어이없다는 표정을 지어 보인다.

사서 | 학생. 계속 전화가 오는 것 같은데.

사서선생님이 손가락으로 가리키는 곳을 보자 호준이의 휴대폰이 요란하게 진동하다가 탁 멈춘다.

사서 | 아까부터 계속 진동이 울려서 너무 시끄럽네요. 크흠. 도서관에서 자는 건 자유지만, 조금 주의해주면 좋겠어요.
호준 | 아, 예예……. 죄송합니다, 선생님. 죄송합니다.

고개를 들어보니 주위에 앉은 학생 몇이 호준이를 곁눈으로 째려보고 있다. 호준이는 이쪽저쪽에 대고 꾸벅꾸벅 고개를 숙인다. 그때, 다시 진동이 울리기 시작한다. 재민이다. 호준이는 냉큼 휴대폰을 집어들고 화장실로 달려간다.

호준 | 여보세요? 야, 나 도서관 간다고 했잖아. 계속 진동 울려서 사람들한테 욕먹음!!
재민 | 도서관은 무슨, 너 잠들었지? 몇 번이나 전화를 했는데 이제 받아? 됐고, 너 빨리 나와. 지금 당장 뛰어와. 나 힘들어 죽겠어.

도서관에 더 앉아 있기도 눈치가 보였던지라 호준이는 못 이기는 척 밖으로 나갔다 재민이는 학생들로 바글거리는 주점 안에 있었다. 보나 마나 놀자고 불러낸 게 뻔하다고 생각했는데 심각한 표정으로 누군가와 함께 앉아 있다. 같이 있는 사람은 지영이다. 무슨 일이 있는 건지 단지 술을 잔뜩 마신 건지 지영이는 호준이가 왔는데 고개도 들지 않는다.

지영┃그래서 네가 내 맘을 아냐고. 하긴 내 마음을 어떻게 알겠니. 내 마음속을 들여다봤어? 넌 하~~나도 몰라.

호준┃애 왜 이래? 뭐래는 거야? 무슨 큰 일 난 줄 알았네! 술 마셔서 이러는 거지?

재민┃큰 일 났지요. 금요일이라 놀자고 부른 줄 알았더니 혼자서 계속 꿀꺽꿀꺽 술만 마시고. 아까부터 나보고 계속 자기 마음을 아냐는 소리만 한다. 네가 왼쪽에서 부축해. 애 집에 데려다주자.

지영┃너! 너 내가 지금 얘기하고 있는데 내 말은 안 듣고. 도대체 누구랑 자꾸 얘기하는 거야? 내 마음 아냐고 모르냐고오~!

지영이는 집에 도착할 때까지 호준이는 눈에 들어오지도 않는 것 같다. 끝도 없이 재민이에게 자기 마음을 아냐고 채근한다. 재민이는 몇 시간 동안 지영이에게 괴롭힘을 당하고 화가 난 모양이다. 지영이의 말을 들은 체도 않는다.

지영 │ 아, 어디로 가는 거야 지금? 봐 봐. 너 내 마음 알아? 몰라? 여기가 아직 덜 발달한 거 아니야? 너 왜 내 마음을 몰라아?

집 앞에 다다라서 지영이는 재민이의 관자놀이 부근을 툭툭 치며 알 수 없는 소리를 한다.

재민 │ 그만 하고 얼른 들어가. 너네 집 다 왔어. 두고보자 너.

지영 │ 흥! 다섯 살짜리만도 못한 김재민. 야. 다섯 살만 지나도 남의 마음을 이해할 줄 안다고. 마음의 이론 몰라?

지영이는 다시 재민이의 관자놀이 부근을 툭툭 건드린다.

지영 │ 잘 봐. 여기! 여기가 측두엽과 두정엽 사이, 측두두정정합이 있

는 곳이라고. 다른 사람의 마음을 읽는 곳! 다른 사람의 입장이 되어 생각해보고 그 사람의 생각을 이해하는 능력! 마음의 이론을 수행하는 데가 바로 여기지. 넌 아직 멀었어.

재민 | 와, 오지영 시비 거는 것 봐. 그러는 너는. 너는 지금 내 마음 이해해? 내 입장이 되어서 생각 한 번만 해보면 지금 이럴 수 없을 거 같은데? 마음의 이론인지 뭔지 내일 자세히 얘기해. 나도 집에 갈 거야.

재민이는 정말 휙 돌아서 가버린다. 둘 사이에서 뻘쭘하게 서 있던 호준이만 민망해졌다.

호준 | 야, 야아! 정말 가냐? 아, 몰라. 오지영 너 얼른 집에 들어가. 나도 간다! 안녕!

당황한 호준이는 지영이네 집 초인종을 꾹 누르고는 얼른 재민이를 쫓아 뛰어간다. 뒤에서 지영이가 외치는 소리가 들린다.

지영 | 에이! 침팬지도 할 줄 아는데! 바보! 김재민 바보놈아!

이어 지영이네 어머니 목소리가 들려온다.

지영이 엄마 | 어머, 얘가! 아, 동네 창피해~ 어서 들어가! 재민이랑 호준이가 데려다준거니? 아우 증말~ 이 기지배가! 들어가, 들어가!

침팬지도 안다는 마음의 이론

성큼성큼 걸어가버리는 재민이를 따라잡느라 호준이는 허겁지겁 뛰어간다.

호준│ 같이 좀 가!

호준이가 소리치는 걸 듣고 재민이는 그제야 걸음을 늦춘다.

호준│ 아이고 숨차, 치사하게 집 앞에서 혼자 돌아서서 가버려? 쫓아 오느라 다리 찢어지는 줄 알았네! 근데 너네 신나서 놀러 가는 것 같더 니 둘이 뭐야?
재민│ 나도 몰라, 할 얘기가 있다면서 불러놓고는 아무 말도 안하고 냅다 술 마시잖아. 그러더니 혼자 취해서 나한테 저녁 내내 저 소리 했 어. 니가 내 마음을 아러~?

재민이는 잔뜩 비꼬는 태도로 지영이를 흉내낸다.

호준│ 푸하핫, 너네 좀 비슷한데? 야, 근데 마음의 이론이 뭐야?
재민│ 쟤가 말한 그대로야. 다른 사람의 입장이 되어서 그 사람이 처 한 상황, 그 사람의 생각을 이해하는 거. 축구할 때 아 지금 저 사람이 저쪽 방향으로 들어가겠구나, 저쪽으로 공이 가니까 그걸 받아서 슛을 할 생각이구나, 짐작하는 것도 마음의 이론이라고 볼 수 있지.

호준 | 완전 맞춤형 예시네. 풉. 그렇다면, 지금 네가 지영이한테 공을 줘야 되는데 지영이가 달려가는 방향은 생각도 안하고 공을 아무데로나 차고 있다는 거군!

재민 | 아, 또 뭔 소리야. 수수께끼 같은 말 오늘은 하지 마. 지영이한테 충분히 시달렸어.

호준 | 흐흐. 아무튼, 마음의 이론이 그런 거구나. 지영이가 무슨 말한 건지 난 이해가 간다. 아까 너 지영이 놓고 도망칠 때 그 말 들었어? 침팬지도 할 줄 안다고 큭큭. 내가 얼마 전에 기사를 하나 봤는데, 사람처럼 말을 하지도 않는 침팬지들이 다른 개체의 마음을 이해할 수 있다고 하더라. 말하지 않아도 알~아요~

· 침팬지도 마음의 이론을 수행할 수 있을까? ·

사실 사람이 아닌 동물의 뇌에서는 마음의 이론을 수행하는 데 중요하다고 여겨지는 측두두정접합 영역이 뚜렷하게 관찰되지 않는다. 동물 종마다 뇌의 발달 과정이 달라 형태에 차이가 있기 때문이다. 그럼에도 불구하고 동물도 마음의 이론을 수행할 수 있을 것이라는 증거는 꽤 많다.

1978년 영국인 과학자 데이비드 프리맥(David Premack)과 우드러프(G. Wood-ruff)가 침팬지도 마음의 이론을 수행할 수 있는지 확인했다. 사람처럼 말로 질문을 할 수 없기 때문에 이들은 영상을 이용했다. 침팬지에게 여러 활동을 하는 사람의 영상을 보여주고, 그 영상 속 상황을 해결할 수 있는 사진을 고르게 한 것이다. 제시된 영상 중에는 손이 닿지 않는 음식을 집으려는 사람, 우리에 갇혀서 탈출하려는 사람, 고장 난

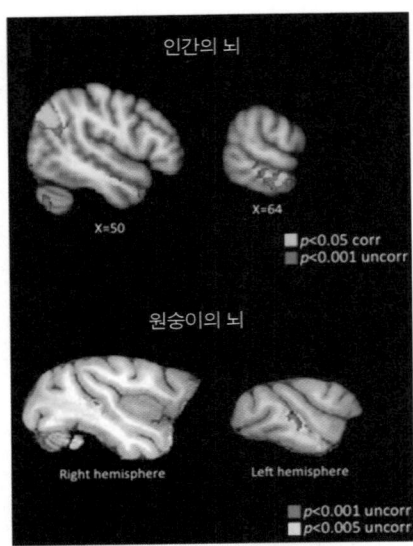

원숭이의 뇌에서 사람 뇌의 측두두정정합(TPJ)과 가장 유사한 영역은 상측두구(STS)인 것으로 보인다. (Rogier B. Mars et al., 2013)

히터 때문에 떨고 있는 사람의 영상이 있었다. 이런 영상을 보여준 뒤 다양한 사진을 제시하자 침팬지는 적절한 사진을 골랐다. 이 실험을 통해 프리맥과 우드러프는 침팬지도 마음의 이론을 수행할 수 있다고 주장했다.

2012년에는 영국의 과학자들이 원숭이와 사람의 뇌를 자기공명영상 촬영장치로 촬영하며 비슷한 기능을 하는 영역을 비교해 봤다. 그 결과 원숭이의 상측두구 영역이 바로 사람의 측두두정정합과 비슷한 기능을 하는 것으로 나타났다.

한편 2008년 콜(Josep Call) 박사와 토마셀로(Michael Tomasello) 박사는 마음의 이론을 더 세부적으로 나눠 생각해보면 사람만이 수행할 수 있는 능력이 드러난다고 말하기도 했다. 그들의 설명에 따르면 상황을 인식, 지각한다는 점에서는 침팬지도 상대방의 입장을 이해한다고 볼 수 있지만 거짓된 신념을 가진 상대방을 이해하는 것, 즉 신념과 의지적 측면에서의 마음의 이론은 사람만이 수행할 수 있는 고도의 능력이라는 것이다.

___

마음이라는 게 있긴 한 거야?

___

재민 | 정말로 말하지 않아도 알 수 있으면 얼마나 좋겠냐? 솔직히 말

해서 난 요즘 내 마음도 잘 모르겠다. 근데 어떻게 다른 사람 마음을 알아 내가. 안 그래도 원래 눈치도 없는데. 난 누가 말로 열심히 설명을 해줘도 상대방 마음 잘 이해 못한다고 원래. 아후 답답해. 마음이 뭐야 도대체? 마음이란 게 있긴 한 거야?

재민이는 마음이라며 자기 가슴을 가리킨다.

호준｜너 고대 사람들도 마음이라는 것이 실체가 뭘까 궁금해했다는 거 알아? 마음이랑 몸이 분리되어 있느냐, 이건 과학뿐 아니라 종교나 철학에서도 중요한 질문이었지. 마음은 여기 심장 어디에 있는 걸까? 아니면 눈에 보이지 않는 영혼 같은 걸까? 둘 다 아니야. 나는 뇌의 작용이 곧 마음이라고 생각한다. 지금 21세기야. 신경과학이 얼마나 발달했니. 너도 뇌의 작용으로 몸과 마음이 움직인다는 거는 잘 알고 있잖아? 아까 네가 설명해준 마음의 이론, 거기서 마음이 바로 뇌의 작용으로 만들어지는 생각인 거지.

재민｜아, 그렇긴 하지. 나도 뇌의 작용, 생각이 곧 마음이라는 건 알아. 근데 내 말은, 아휴…….

호준｜왜 너 지영이 좋아하냐?

호준이가 말꼬리를 자르며 치고 들어오자 재민이는 눈을 동그랗게 뜨고 놀란다.

호준 | <u>호호</u>, 내가 네 마음을 단번에 꿰뚫어봤지? 나 마음의 이론의
대가인가 봐.

· 마음의 이론을 수행하는 뇌 ·

마음의 이론을 수행하는 데는 측두두정정합이 중요한 역할을 한다고 여겨지고 있
다. 하지만 이 영역의 역할만으로 완전한 마음의 이론을 수행할 수 있는 것은 아니다.

마음의 이론이란 타인과 관계를 맺고 여러 사람이 사회를 꾸려 살아가는 데 필요한
능력인 사회성의 기본 요소라고 볼 수 있다. 타인의 입장이 되어 생각해보는 것은 감정
적 요소와 인지적 요소가 복합적으로 작용
해야 가능하다.

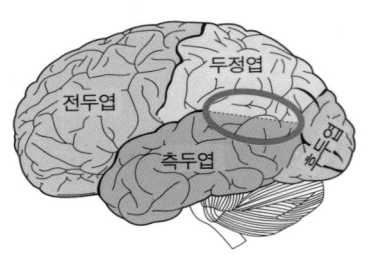

마음의 이론을 수행하는 데 중요한 역
할을 하는 다른 영역에는 전전두피질의 중
앙 부분과 상측두구가 있다. 이 영역들은
의사결정을 내리거나 주변 환경을 고려해
상황을 이해하는 데 중요한 역할을 한다고
생각된다.

붉은 동그라미로 표시된 곳이 마음의 이론을
수행하는 데 가장 중요한 영역이라고 생각되
는 측두두정정합(TPJ) 영역

· 나는 마음의 이론을 수행할 수 있을까? – 샐리 앤 테스트 ·

마음의 이론은 특히 다섯 살 이하 어린이들에게서는 제대로 작동하지 않는다고 알려
져 있다. 어른이 되어서도 이 능력이 제대로 작동하지 못하는 경우도 물론 있다. 마음의
이론을 수행할 수 있는 능력이 있는지는 '샐리 앤 테스트'라고 불리는 간단한 테스트로 확
인해볼 수 있다. 간단한 상황을 그린 만화를 보여주고 그 상황에 관한 질문에 어떤 대답
을 하는지 보면 된다.

샐리와 앤이라는 두 명의 아이가 각각 바구니를 가지고 있다. 샐리에게는 구슬이 하나 있다. 앤이 보는 앞에서 샐리가 이 구슬을 자신의 바구니에 넣는다. 그리고 샐리가 잠시 자리를 비운다. 샐리가 자리를 비운 사이 앤은 샐리의 바구니에 있던 구슬을 꺼내 자기 바구니에 넣는다. 잠시 후 샐리가 다시 돌아온다. 샐리는 구슬을 어느 바구니에서 꺼낼까?

이 글을 읽은 독자들은 당연히 자기 바구니를 들여다볼 것이라고 답할 것이다. 샐리는 앤이 구슬을 옮겨놓은 걸 모르니까.

아주 쉽고 간단한 것 같지만 이 대답을 하기 위해서는 샐리의 입장이 되어 생각해봐야 한다. 그런데 만약 다른 사람은 나와 별개로 자기만의 생각을 가지고 있다는 걸 이해하지 못하는 사람이라면 어떻게 대답할까? 샐리가 앤의 바구니에서 구슬을 꺼낼 거라고 답할 것이다. 샐리는 앤이 구슬을 옮긴 사실을 모르지만, 이

샐리는 자신의 바구니에 구슬을 넣는다.

샐리가 자리를 비운다

앤은 샐리가 없는 사이
구슬을 자신의 바구니로 옮긴다.

샐리가 돌아왔을 때,
샐리는 어느 바구니에서 구슬을 꺼낼까?

샐리 앤 테스트를 간단히 설명하는 그림

모든 상황을 지켜본 사람의 입장에서는 구슬이 앤의 바구니에 있다는 사실을 알고 있기 때문이다. 자기 입장에서만 생각하고 대답을 한다면 앤의 바구니를 들여다보는 게 맞다.

실제로 다섯 살이 안 된 어린아이들이나 자폐 증세가 있는 사람 대부분이 이 같은 대

답을 한다. 이들에게서는 마음의 이론을 수행할 수 있는 뇌 영역이 제대로 발달되지 않았기 때문이다. 5세 이하의 어린아이들, 또 자폐 증세가 있는 사람 다수는 상대방의 입장이 되어 생각하는 것, 내가 아닌 다른 사람은 나와 독립적으로 자신이 처한 상황에 따라 다른 생각을 하고 있다는 것을 이해하지 못하는 것이다.

눈치는 남자보다 여자가 빠르다?

재민 │ 그래. 나 지영이 좋아하는 것 같아. 근데 여자가 남자보다 눈치도 빠르고 마음의 이론도 더 잘 수행할 수 있는 거 아니야? 난 지영이가 내 마음을 알고 있을 줄 알았어. 그래서 오늘 할 말 있다고 하길래 드디어 내가 자길 좋아하는 걸 알았나 생각했다고. 근데 저렇게 알 수 없는 소리나 잔뜩 하고. 도대체 난 지영이 마음을 모르겠어!

호준 │ 어어? 아니지. 여자가 남자보다 마음의 이론을 더 잘 수행할 수 있는지는 확실하지 않아. 과학자들이 다양한 테스트로 실험을 해봤는데 그 테스트가 무엇이었냐에 따라 되게 달랐대. 얼굴 표정을 알아보는 테스트에서는 여자들이 좀 더 좋은 결과를 보였다고도 해. 근데 하페의 만화라고, 아까 말한 침팬지들에게 했던 테스트처럼 하페라는 사람이 그린 만화를 보고 상황을 파악하는 테스트에서는 남자들이 더 좋은 결과를 보였대. 실제로 남자와 여자의 측두두정정합 활성도를 직접 비교하거나 한 연구 같은 건 잘 알려진 것도 없고.

재민 │ 아, 정말? 그럼 지영이가 먼저 눈치채주길 바랐던 내가 바보였네……

15장

사랑에 빠진 뇌
사회적 감정 ③ 사랑

나도 내 마음을 모르겠어

지영이는 마음이 영 정리가 되질 않는다. 호준이와 재민이는 지영이가 유치원에 다닐 때부터 알던 동네 친구다. 어렸을 때부터 워낙 친했던지라 서로에 대해 모르는 게 없다. 공부할 때부터 놀러 갈 때까지 거의 항상 함께였다. 대학생이 된 뒤로는 서로 연애상담도 한두 번 한 게 아니다. 거의 친남매인 것처럼 가깝게 지냈던 사이다.

그런데 얼마 전 재민이에게 소개팅을 주선한 이후 지영이는 마음이 계속 불편하다. 그 이후로 재민이와 멀어지는 것 같다는 느낌이 자꾸 든다. 더욱 답답한 것은, 이 소개팅은 지영이가 스스로 나서서 시켜준 것이었다는 점이다. 심지어 처음에는 소개시켜준 친구와 재민이가 만나지 않겠다고 한 걸 지영이가 또 나서서 다시 만나게 설득하기까지 했다. 막상 두 친구가 친해지고 보니 왠지 모르게 소외감이 드는 것도 같고, 재민이를 빼앗긴 것도 같아 지영이는 여간 서운한 게 아니다.

서운하고 화가 나는 마음이 당연한 거라고, 재민이가 잘못했다고 생각하고 있었다. 그런데 호준이와 얘기를 하고 나니 그게 문제가 아니었다는 걸 깨달았다. 복잡한 마음을 재민이에게 직접 말하려고 했지만 용기는 내지 못하고 술만 마신 뒤 진상만 부렸다. 그 이후로 재민이도 호준이도 똑바로 보기가 창피해 며칠 동안 피해 다닌 지영이다.

지영 ¦ 호준이 말처럼 정말 내가 재민이를 좋아하는 걸까?

아냐 아냐, 내가 미쳤어? 걔가 뭐가 좋아? 얼굴도 못생겼는데. 우리가 알고 지낸 게 20년이 가까운데, 당연히 서운할 수 있는 거지. 친남매처럼 말 못할 게 없던 사이였는데 며칠 보지도 않은 민경이한테만 자기 얘기를 해? 걘 민경이에 대해 뭘 그렇게 잘 안다고 나한테는 말도 안 하고 걔한테 못하는 말이 없어?

호준이 걔도 웃겨. 뭐? 내가 재민이를 좋아해서 질투하는 거라고? 쳇, 자기들끼리 놀러 갔다 왔으니 그런 말이 나오지. 나쁜 놈들! 재민이한테도 그날 아무 말 안 하길 잘했어. 내가 술 먹고 이상한 소리 하진 않았겠지……?

호준이 말이 맞는 건 아닐까, 스스로의 마음을 돌아볼라치면, 호준이 말은 말도 안 된다는 목소리가 어디선가 불쑥 들려온다. 하루에도 이렇게 생각이 몇 번씩 바뀐다. 다시 호준이를 불러 얘기하기는 민망하기도 하고 두렵기도 하다. 그렇다고 말할 데가 또 있는 것도 아니고. 답답할 따름이다.

내내 방에 누워 있는 지영이의 낌새가 이상하긴 했나 보다. 언니가 방문을 빼꼼 열고 들여다본다.

언니 | 지영아, 무슨 고민 있어? 다이어트 시작했어?
지영 | 아니.
언니 | 아니야? 근데 힘이 하나도 없네?

문간에 서 있던 언니는 지영이의 침대로 와 걸터앉는다.

약은 약사에게 연애상담은 언니에게

언니 | 너 무슨 일 있지? 남자친구 생겼어? 얘기해봐. 언니가 상담해 줄게. 호호
지영 | 아…… 언니 있잖아, 내가 재민이를 좋아하는 게 말이 된다고 생각해?
언니 | 응. 말이 안 될 건 없지.

너무 아무렇지 않은 언니의 대답에 지영이는 조금 당황했다.

언니 ¦ 좋아하는 게 왜? 재민이랑은 오랫동안 가까이 지냈으니, 더 좋아할 법하지. 어머, 혹시 그 반대야? 재민이가 너한테 고백했어?

지영 ¦ 아니야. 아, 사실 나도 잘 모르겠어.

언니 ¦ 후후. 잘 모르겠는 게 당연한 거야. 사랑은 네 머릿속에서, 그리고 몸에서 일어나는 반응인데 어떻게 한 번에 알아차리겠니. 감기에 걸리는 것이나 마찬가지야. 물론 사랑은 감기처럼 약을 먹고 치료를 받는 게 어떤 도움도 되지 않지만.

지영 ¦ 헐. 우리 언니 시인인데?

언니 ¦ 후후훗. 내가 좀 감성적이지. 딱 보아 하니, 네가 재민이를 좋아하는 건가 아닌가 헷갈리나 보다. 맞아?

지영 ¦ 응…… 맞아. 사실 나 재민이 좋아한다는 생각해본 적도 없는데 지금은 나도 모르겠어. 물론 친구로서는 엄청 좋아하지. 내가 진짜 사랑하는 친구지. 근데 남자? 이성으로서 좋아한다는 생각? 그런 생각은 한 번도 해본 적 없거든. 근데 저번에 호준이 만나서 얘기하고 나니까 진짜 내가 걜 좋아하나, 그래서 질투가 나나 싶은 거야. 근데 그게 말이 돼? 나는 도무지 스스로 납득이 안 돼. 너무 머리 아파.

언니 ¦ 호준이? 호준이랑은 무슨 얘기를 했는데?

지영 ¦ 어 내가 재민이 소개팅시켜줬거든. 민경이라고 과 친군데, 웃기는 게, 처음엔 민경이가 재민이 공대생이라서 아예 안 만난다 어쩐다 그랬단 말이야? 지금이 어떤 시댄데 공대생에 대해 그런 못된 고정관념이나 가지고 있고 말이지. 어쨌든, 그래서 내가 설득해서 한 번 만나보라고 했어. 더 웃긴 게, 막상 한 번 만나고 나더니 둘이 꽤 자주 만나는 것 같은 거야. 사귀는 것 같진 않고. 그런데 재민이는 나한테 민경이 얘길 한 적이 없어. 만난다는 말도 안 하고. 그래서 나는 둘이 뭐 몇 번 만나나 보다, 정도로 생각했어. 근데 그게 아닌가 봐. 그리고 진짜 문제는, 원래 재민이가 나한테 이런저런 얘기 다 했잖아. 걔가 말이 없는 스타일도 아니고. 근데 민경이 만난 이후로, 나한테 하던 그 얘기 다 민경이한테만 하나 봐. 재민이는 나한테 더 이상 그런 소소한 얘기를 안 하고, 민경이는 재민이가 이랬다더라 저랬다더라 나한테 와서 얘길 하는 거야. 민경이 통해서 재민이 얘기를 전해듣는데 어찌나 속상하고 서운하고 화가 나던지! 근데 호준이는 내가 질투하는 게 재민이를 좋아해서 그런 게 아니냐는 거야.

언니 │ 음, 그랬구나. 내 생각엔 호준이 눈치가 엄청 빠른 거 같은데? 넌 누굴 좋아하고, 사랑에 빠진다는 게 어떤 의미라고 생각해?

지영 │ 어…… 그런 거 생각 안 해봤어. 그냥 좋아하면 좋아하는 거 아니야? 어떤…… 의미가 있어?

사랑에 빠지는 건 바로 '뇌'

언니 │ 사랑에 빠지면 뇌의 활동이 변하거든. 사랑에 빠지면 보상을 받을 때, 즐거움을 느낄 때 활성화되는 영역이 활성화된다고 해. 보상에 반응하는 뇌 영역들은 서로 연결되어 있는데 연결된 모든 영역들을 보상 회로, 보상 중추라고 불러. 사람이 보상, 즐거움을 느끼는 데는 '도파민'이라는 신경전달물질이 중요한 역할을 하는데, 사랑에 빠지면

도파민의 양도 증가하고. 그러니 당연히 뇌에서, 몸에서 어떤 변화가
일어나지 않겠어?

• 사랑＝성적 욕망? •

성적 욕망을 느끼는 대상을 사랑하지 않거나, 사랑하는 사람에게 성적 욕망을 전혀
느끼지 않는 경우가 있을까? 당연히 그럴 수 있다. 누군가를 좋아하는 것과 성적 욕망
은 완전히 똑같은 감정이 아니기 때문이다.

하지만 낭만적인 사랑, 정신적인 사랑과 성적 욕망이 어떻게 다른지, 그 둘을 구분하
려 시도한 연구는 그렇게 많지 않다. 현실 세계에서 대부분의 사람들이 사랑하는 사람
에게 성적 욕망을 느끼고, 또 반대로 성적 욕망을 느끼는 대상과 사랑에 빠진다고 생각
하기 때문이다. 하지만 생각해보면 사랑이라는 것은 가족 간에, 부모와 자식 사이에 느
끼는 감정을 가리키기도 한다. 또 연인 사이라고 해서 성적 욕망을 매 순간 느끼지 않으
며 그렇다고 해도 서로 사랑하지 않는 건 아니다.

사랑이라는 감정은 일종의 '애착관계'라고 볼 수 있다. 사람을 비롯한 동물들은 혼
자서 살아갈 수 없는 상황에서 내가
의지할 수 있고, 안정감을 느낄 수
있는 상대를 찾게 된다. 그리고 그
대상에게 '사랑'이라는 감정을 느끼
게 되는 것이다. 이는 반대로 나에
게 의지하게 하고, 내가 보호하고
안정감을 주는 대상에 대해서도 마
찬가지이다. 대표적인 관계가 바로
부모와 자식이다. 이런 애착관계에
서는 '옥시토신'이라는 호르몬이 중

개구리왕자 이야기에서 개구리의 모습을 한 왕자는
진정한 사랑을 만나 키스를 받고 멋진 왕자님의 모습
으로 돌아오게 된다.

요한 역할을 한다고 알려져 있다.

과학자들은 연인 사이에서 순수하게 정신적이고 낭만적인 사랑이 특별히 존재한다는 것을 확인하고자 했다. 이를 위해 사람들에게 자신의 연인과, 알고 지낸 기간이나 친밀함을 느끼는 정도가 비슷한 이성인 친구의 사진을 보여주고 뇌의 활성을 확인했다. 다행히도(?!) 두 경우에 대해 뇌에서 활성화되는 영역과 그 정도가 다르게 나타났다.

실험에 참여한 사람들은 뇌 활성도를 측정하기 전에 설문조사에 응했다. 피험자의 응답에서 그들이 자신이 연인의 사진을 볼 때 느끼는 감정은 성적 욕망이라기보다 정신적인 사랑의 감정인 것으로 나타났다. 즉 이 실험에서 확인한 뇌의 반응은 성적 욕망보다 사랑의 감정을 느낄 때 반응하는 영역이라는 것이다.

재미있게도 사랑하는 사람을 볼 때 활성화되는 뇌 영역은 시각 영역과 크게 관계가 없었다. 활성화된 영역 중에는 사회적 관계에서 행복함을 느낄 때 활성화된다고 알려진 전대상피질이 있었다. 또 좌뇌의 섬이랑이 활성화되었는데, 섬이랑에서 보통 느낀다고 알려진 혐오감은 앞쪽 부분이 관여하며 여기서는 익숙하지 않은 얼굴에서 매력을 느낄 때 활성화된다고 알려진 뒤쪽 부분이 활성화되었다.

그리고 슬픔이나 우울함과 관계된 것으로 알려진 전전두피질의 오른쪽 중앙 부분과 두려움, 부정적인 감정과 관계된 것으로 알려진 편도체의 뒤쪽 영역은 반대로 그 활성도가 떨어졌다. 전전두피질 영역은 특히 두부자기자극장치(TMS. 머리 표면에 자기장을 발생시킬 수 있는 유도 장치를 대어 뇌에 간접적으로 자극을 가하는 장치)를 통해 인공적으로 억제해주면 우울증을 해결하는 데 도움이 된다는 것이 잘 알려져 있기도 한 영역이다.

이 연구에서 관측된, 사랑하는 사람을 바라볼 때 활성화되는 영역은 다른 감정을 느낄 때 활성화되는 뇌 영역에 비해 매우 좁은 영역이었으며, 함께 활성화되는 영역 간의 연결이 매

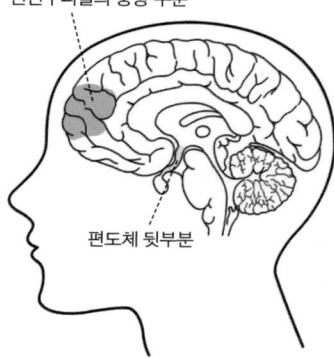

전전두피질의 중앙 부분

편도체 뒷부분

우 견고하게 보였다. 어쩌면 진짜 '사랑의 회로'가 뇌에 존재하는지도 모를 일이다.

성적 욕망을 느낄 때 활성화되는 뇌 영역은 사랑하는 사람의 사진을 볼 때 활성화된 영역과 완전히 일치하지 않아, 정신적 사랑과 구분됨을 보여주었다. 다만, 사랑하는 사람의 사진을 볼 때 활성화된 영역의 근처 영역이 일부 활성화되는 모습을 보였다.

언니 | 사랑에 빠지면 신체적으로 어떤 변화가 일어날까? 좋아하는 사람을 보면 얼굴이 붉어진다던지, 심장이 쿵쿵 뛴다던지 하지? 이런 신체적 변화도 호르몬의 변화 때문이야. 사랑에 빠지면 아드레날린, 노르에피네프린이라는 호르몬이 증가하는데, 그러면 심장이 빨리 뛰고, 손에 땀이 난다던지, 뺨이 붉어지게 되는 거야.

지영 | 에이, 그래도 내가 재민이를 20년 가까이 봤는데. 걔 볼 때 갑자기 심장이 쿵쿵 뛰거나 손에 땀이 나거나 얼굴이 붉어지거나 하진 않았어! 즐거운 거야 늘 걔를 보면 즐겁고 좋지. 새로운 일도 아니야 그건.

언니 | 그래? 그럼 이 얘기도 마저 들어 봐. 누군가를 좋아하게 되면, 그러니까 사랑에 빠지면 '세로토닌'이라는 호르몬에도 변화가 생겨. 세로토닌이 감소하면 불안감이나 초조함을 느끼게 돼.

사랑에 빠지는 과정을 만약 세 단계로 나눠본다면, 첫 단계는 누군가를 좋아하는 마음이 있긴 한데, 스스로의 마음에 확신이 없는 때라고 볼 수 있어. 상대가 날 좋아하는지는 더 알 길이 없고. 내가 저 사람을 좋아하는 게 나한테 손해가 되는 건 아닐까, 뭐 이런 복잡한 생각이 들 수도 있는 때지. 이 초기 단계에 세로토닌의 양은 감소해. 그리고 스트레스를 받을 때에도 분비되는 코티솔은 사랑에 빠진 초반에 증가하는데, 사랑하는 사람과의 관계가 안정화되지 않은 상태라서 혹시 일어날지 모르는 파국에 대비하려고 몸에서 이 물질을 많이 만들어내는 거야. 사랑에 빠진 초기에 세로토닌 양이 감소하고 코티솔의 양이 증가하는 게 불안감이 증가하는 것 같은 감정변화에 큰 영향을 주지.

이 단계를 지나면 이제 만사 해결인데 말이야. 주변에 연애 시작한 친구들 보면 늘 기분 좋고, 세상이 다 예뻐 보이고, 그런다고 하지? 두 번째 단계에 접어들게 되면 사랑에 빠진 뇌에서 두려움이나 부정적 감정을 느끼는 영역의 활성도가 떨어져서 그래. 그리고 사랑에 빠지면 "눈이 먼다"는 얘기 들어 본 적 있지? "콩깍지가 씌인다"는 말이랑 비슷한 의미려나. 아무튼 지영이, 판단을 내릴 때 뇌의 '전두엽'이라는 영

역이 중요하다는 얘기 들어본 적 있지? 사랑에 빠진 사람의 뇌를 자기공명영상촬영장치(MRI)로 찍어봤더니, 전두엽의 활성이 떨어졌더래. 사랑에 빠지면 비판적으로 생각하는 힘이나 의심하는 능력이 약해질 수 있다는 말이야. 왜 좋아하는 사람에 대해서는 특히 판단력이 떨어지는지에 대한 이유가 되겠지?

사랑에 빠진다는 거, 그리고 누굴 좋아한다는 거 그리 단순하고 간단한 일은 아니야. 머리 아프고, 긴가민가하고 그런 일이지. 여기까지 들어보니까 어때. 여전히 재민이 좋아하는 거 아니야? 후후.

사랑에 정말 유통기한이 있을까?

그때 엄마가 방문을 슬쩍 열고 들어오신다.

엄마 | 둘이 무슨 얘길 그렇게 해?
언니 | 어! 마침 엄마가 필요한 시점이었어.
엄마 | 어머, 그래?

엄마가 의미심장한 웃음을 지으며 지영이의 침대에 걸터앉는다.

지영 | 아~ 뭐야, 둘이 짰어?
언니 | 짜긴? 엄마가 딱 맞춰 방문을 여신 거지. 엄마, 엄마랑 아빠 얘기 좀 해줘. 언니가 좀 전에 사랑에 세 가지 단계가 있다고 했지? 엄마

아빠가 딱 세 번째 단계 아니겠어? 엄마한테 얘기 좀 들어보자.

엄마 ˮ 응? 사랑의 세 가지 단계는 뭐야, 무슨 얘길 해줄까.

언니 ˮ 엄마랑 아빠는 서로 사랑하며 산 지 오래됐잖아. 그래도 여전히 서로를 사랑하지. 지영이한테 사랑이 오래되면 어떤지 얘기해주려고. 세 번째 단계에 접어들면, 사람은 단순한 감각에 의한 즐거움에는 무뎌지게 돼. 보상과 즐거움에 관계된 뇌 영역은 시간이 오래되어도 계속 활성화되는데, 갈망이나 욕구 같은 건 점점 약해지는 단계야. 안정기라고 할까?

이때부터 엔도르핀과 바소프레신, 옥시토신이라는 호르몬이 증가해, 이 호르몬들은 안정감이나 편안함 같은 감정을 증가시켜서 관계를 지속하는 데 도움을 줘. 그리고 스트레스 호르몬이라고 알려진 코티솔, 세로토닌 수치도 다시 정상적으로 회복되지. 엄마는 어때? 결혼하기 전에 아빠랑 연애할 때에 비해 지금 아빠를 보면 느껴지는 감정 같은 거?

· 사랑의 유통기한? ·

사랑에 빠지면 호르몬과 뇌 활성에 변화가 있다는 건 사실이다. 사랑에 빠진 초기에는 이 변화가 급격하게 느껴진다. 문제는 이 변화가 얼마나 오래 유지되는가다.

변화가 일어난 이 상태는 솔직히 말해서, 평생 유지되지 않는다. 그렇다면 원래 상태로 돌아오는 순간 사랑이 식어버리는 걸까? 처음과 같은 상태는 아니지만, 오래된 연인 사이는 몇 개월 정도 알고 지낸 친구나 잘 모르는 사람과는 분명 다른 관계다.

실제로 잘 모르는 사람, 아주 가까운 친구, 그리고 연인의 사진을 보여주며 뇌 활성

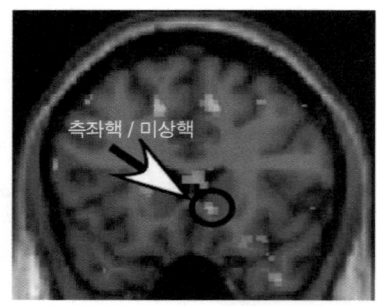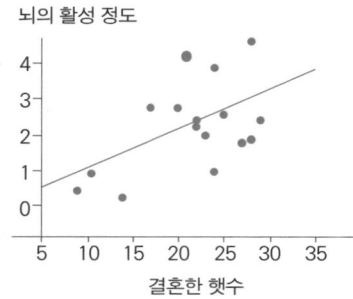

결혼한 지 오래된 커플에서 보상에 반응하는 뇌 영역인 측좌핵과 미상핵(NAcc/Caudate)의 활성
이 더 활발하게 나타났다(Bianca P. Acevedo et al., 2012).

의 변화를 확인해봤더니, 특히 보상에 반응하는 영역의 활성이 다르게 나타났다. 또 결
혼한 지 오래된 연인들에 대해서 결혼한 햇수와 뇌의 활성 영역을 비교해봤더니, 결혼
한 지 오래될수록 보상에 반응하는 영역 중, 특히 측좌핵과 미상핵의 활성 정도가 높게
나타났다.

오래되었다고 해서 사랑이 사라지는 것은 아니다. 막 시작한 사랑과 오랫동안 함께
한 사랑의 형태가 다를 뿐이다.

사실은 사랑의 시작보다 끝이 더 낭만적이다. 사랑에 빠졌을 때 활성화되는 뇌 영역
은 약물 중독과도 관련된 부분이다. 어떤 학자는 사랑은 성적 욕망이 보상받는 과정에
서 형성되는 습관 같은 것이라고 볼 수도 있다고 한다. 마치 서서히 약물에 중독되어가
는 사람처럼, 처음에는 성적 욕망이나 작은 호감, 호기심으로 시작했는데, 점점 더 깊이
있는 행복감, 즉 사랑을 느끼고 거기 빠지게 된다는 얘기다.

엄마 ┃ 그래, 방금 네가 한 말 그대로야. 막 가슴이 뛰고, 얼굴이 빨개
지고 그런 건 연애 초반에나 있었지. 엄마는 아빠랑 1년 반 정도 교제
하다가 결혼을 했잖아? 결혼하기로 약속한 즈음부터 그랬어. 아빠도

아마 그랬겠지? 막 설레고 그런다기보다 서로를 믿고 의지하게 되고, 아빠를 보면 마음이 편안하고. 그렇지만 아빠를 보면 즐겁고 행복한 건 지금까지 계속이지.

근데 갑자기 웬 사랑 얘기야? 지영이 너 남자친구 생겼니? 며칠 전에 호준이가 너 데려다주더니 혹시 호준이랑 사귀는 거야?!

지영 | 아니! 아니야!!

지영이의 반응에 언니가 킬킬 웃으며 한마디를 보탠다.

언니 | 아니지. 호준이는 아닌 것 같아. 엄마.

16장

내 안의 피노키오
거짓말

남녀 사이에 친구가 어딨어?

지영이와 재민이가 서로 좋아하는 건 확실했다. 하지만 두 사람 다 그 사실을 인정하고 얘기하려 하지 않았다. 오히려 서로 피해 다니는 통에 가운데 낀 호준이만 고래 싸움에 새우등 터지는 꼴이었다. 좋아하면 어떻고 싫어하면 어떤가. 각자 혼자서 끙끙거리면서 아는 체도 안 하고 피해 다닌 지 벌써 일주일째였다.

호준 | 너 때문에 내가 고생이 참 많다, 그지?
재민 | 어, 그래. 맞다. 나 때문에 네가 고생이 많아. 미안하다.
호준 | 너 민경이랑은 계속 만나?

재민 │ 민경이? 아~ 지영이 친구? 응, 가끔 만나지. 근데 그런 의미로 만나는 건 아니고. 진짜 아는 사이, 친구로 지내는 거야.

호준 │ 얼씨구, 남녀 사이에 친구가 어딨어? 만나면 만나는 거지. 그런 의미는 또 뭐야.

재민 │ 에이, 이호준 너 진짜 모쏠인거 티 내지 좀 마.

재민이의 큰 목소리에 가게에 있던 다른 사람들 몇이 호준이 쪽을 쳐다본다. 호준이의 얼굴이 붉어진다.

호준 │ 야, 모쏠인 게 뭐 어때서. 너도 모쏠이잖아!

재민 │ 그냥 친구로 만날 수도 있지. 너도 지영이랑 자주 만나잖아. 나보다 더 많이 더 늦은 시간에. 안 그래?

호준이는 고개를 절레절레 흔든다. 한참 진지하게 얘기하고 있는데 전화벨이 울린다. 재민이는 호준이와 하던 얘기가 끊기는 게 싫어 열심히 소리치는 전화기를 들여다보지도 않는다. 잠시 후 전화벨이 끊어지나 싶더니, 다시금 울려댄다.

호준 │ 전화 온다~ 재민아.

재민 │ 아~ 한참 얘기하고 있는데 누가 자꾸 전화를 하는 거야? 지금 시간도 11시 넘었는데. 헉, 지영이다. 애 양반 아니네.

호준 │ 진짜? 지영이가 전화했어? 얼른 받아 봐.

재민 | 아…… 어떡하지, 여기 너무 시끄럽지 않아? 밖에 나가서 받아야 되나? 아…… 안 되는데, 네가 옆에서 좀 코치해줘. 뭐라고 말해? 얘 무슨 얘기하려고 전화한 거지?

호준이와 재민이가 당황해서 어쩔 줄 몰라 하는 사이, 전화벨이 뚝 끊긴다.

재민 | 헉! 어떡해. 끊어졌어. 내가 다시 걸어야 하나? 어떡하지? 왜 못 받았냐고 물어보면 뭐라고 해야 하지? 내가 괜히 피하는 것 같다고 생각하면 어떡해?

호준 | 좀 진정해. 지영이가 너한테 늦은 시간에 전화한 거 처음이야?

재민 | 어? 아, 아니지. 엄청 많이 했었지. 하지만 이렇게 전화 못 받은 건 처음이지!

호준 | 야, 짐 챙겨. 나가서 전화 걸어.

주섬주섬 짐을 챙기는데, 세 번째 전화벨이 울리기 시작한다.

호준 | 얼른 나가서 전화 받아. 집이라고 하고, 씻느라 못 받았다고 해. 나랑 있다는 얘기 절대 하지 말고.

거짓말도 자꾸 하면 는다

재민이는 걱정이 가득한 표정으로 가게 문을 나선다. 호준이도 서둘러 뒤따라 나간다. 골목길 위쪽에 있는 놀이터 구석 벤치에 재민이가 웅크리고 앉아 전화를 하고 있다.

재민 | 어, 어어…… 으응…… 그, 그래. 알았어. 고마워 지영아. 그래. 잘 자.

전화를 끊고는 멍한 표정으로 허공을 올려다본다.

호준 | 잘 둘러댔어? 뭐래?
재민 | 어, 어? 저, 전화를 왜 그렇게 안 받냐고 하고. 음…… 집이라

고, 씻느라고 그랬다니까 알았다고 했어.

호준 ┆ 그게 다야? 근 일주일 동안 서로 아는 체도 안 하더니? 겨우 그 말 하고 끝났다고?

재민 ┆ 응. 야, 나 거짓말에 능력 있나 봐! 하핫.

호준 ┆ 에게~ 겨우 고거 한마디 한 거 가지고 무슨 능력까지는. 지영이 화 다 풀렸대? 너도 괜찮은 거고?

그때 재민이의 핸드폰이 메시지가 왔다며 알림을 울린다. 메시지를 읽으면서 재민이는 은근슬쩍 호준이의 눈치를 본다.

호준 ┆ 무슨 문자야? 혹시 또 지영이야?

재민 ┆ 어, 어? 아, 아냐. 별거 아냐. 엄마야.

호준 ┆ 진짜? 근데 왜 그렇게 내 눈치를 살살 보냐 너? 혹시 지영이 문자 아니야?

재민 ┆ 어? 아니야~ 저기, 그 나 얼마 전에 해외직구로 옷 샀는데 엄마가 택배 받으셔서. 지, 집에 오면 좀 보, 보자시네. 하하.

호준 ┆ 얼씨구, 거짓말하고 있네. 너, 거짓말도 자꾸 하면 습관 된다?

재민 ┆ 어? 아하하, 하하 거짓말 아닌데. 너도 참. 하하하…….

호준 ┆ 너 나한테 거짓말할 생각은 하지도 마. 해외 직구는 무슨, 인터넷으로 쇼핑도 안 하는 애가.

재민이는 멋쩍은 웃음만 짓는다.

호준 ᅵ 너, 거짓말 자꾸 하다 보면 습관 된다는 말 진짜야. 거짓말할 때 뇌가 반응한다는 거 알아? 결정적인 증거로 쓰일 수는 없지만, 법원에서도 거짓말탐지기로 조사한 자료를 참고하기도 하잖아. 거짓말인지 진실인지를 탐지할 수 있다는 건 사실이라는 얘기야.

재민 ᅵ 거짓말 탐지기는 좀 아니지. 그거 혈압이랑 맥박 변화 측정하는 거 아니야? 단순히 긴장하거나 불안해할 때도 맥박이랑 혈압 변화가 있어서 별로 믿음직하지 못하다고들 하잖아.

호준 ᅵ 응. 맞아. 맥박과 혈압을 측정하는 거짓말 탐지 방식은 단순한 불안감이나 긴장을 거짓말하는 것으로 오인할 수 있어서 별로 신뢰도가 높진 않아. 그래도 그게 완전히 틀린 건 아니야. 그러니 아직까지 참고자료로 쓰이는 거고. 거짓말을 할 때, 말의 길이가 더 짧아진다거나 하는 행동의 차이는 분명 존재한대. 근데 말의 길이가 얼마나 짧아지는지와 같은 구체적인 기준을 정하기는 어렵고, 분명 차이가 존재하긴 하지만, 사람이 직접 파악할 수 있는 확률은 아직 50퍼센트 정도에 그친다고 하더라.

거짓말을 할 때 단순한 신체적 변화뿐 아니라 뇌 활성에도 변화가 생긴다니까? 거짓말을 하는 사람들의 뇌를 자기공명영상촬영장치로 확인해봤더니 진실을 말하는 사람들의 뇌와 비교했을 때 다른 활성 형태를 보였대. 특히 두려움과 같은 부정적 감정을 관장하는 편도체 영역의 활성이 높게 나타났대. 사람들은 보통 자기 자신에 대한 이상향을 가지고 있잖아? 사회적, 문화적으로 배운 것 때문에 나는 이런 좋

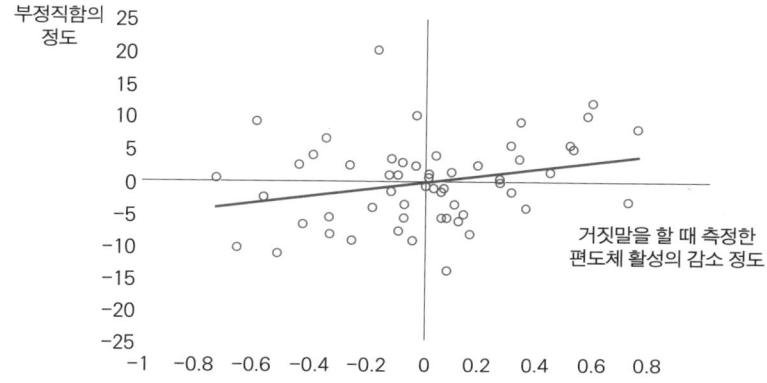

자신에게 이익이, 타인에게 해가 되는 거짓말을 할 때

부정직함의 정도 (세로축 눈금: 25, 20, 15, 10, 5, 0, -5, -10, -15, -20, -25)

거짓말을 할 때 측정한 편도체 활성의 감소 정도 (가로축 눈금: -1, -0.8, -0.6, -0.4, -0.2, 0, 0.2, 0.4, 0.6, 0.8)

가로축이 편도체의 활성이 감소한 정도, 세로축은 부정직함이 증가하는 정도다. 자신에게 이익이 되는 경우에 대해 둘 사이의 관계를 비교해봤더니, 부정직한 태도가 증가할수록 편도체 활성이 감소한 정도가 더욱 커졌다(Neil Garrett et al., 2016).

은 사람이었으면 좋겠어라고 생각하는 거 말이야. 그리고 거짓말을 하는 건 사회적으로도 문화적으로도 좋은 모습이 아니고. 그래서 이상향과 지금 거짓말을 하는 내 모습 사이에 괴리가 생기게 되고 거기서 부정적인 감정이 발생하는 거야. 재미있는 건 거짓말을 하면 할수록 이 영역의 활성이 떨어졌다는 거야. 거짓말을 하면 할수록 감정적인 괴리가 줄어들고, 거짓말하기가 쉬워지는 거지. 여기서 거짓말을 더 쉽게 한다는 건 거짓말을 더 자주 하는 것뿐 아니라, 심한 거짓말도 서슴지 않고 하게 된다는 얘기야.

무서운 사실이 하나 더 있는데, 그 거짓말이 나 자신에게 이익, 특히 금전적인 이익을 주는 경우는 거짓말을 해도 편도체가 활성화되는 정도가 훨씬 덜하더라는 거야. 양심에 털이 쑹쑹 나는 거지.

· 거짓말도 똑똑한 사람이 잘한다 ·

거짓말을 하는 데는 진실을 말하는 경우보다 더 많은 정신적 노력이 필요하다. 거짓
말을 할 때는 감정적인 영역인 편도체뿐 아니라, 지각 능력을 담당하는 전대상피질, 전
전두엽의 겉부분과 측두피질 역시 활성화된다. 세 영역은 각각 오류를 감시하고, 행동
을 조절하고, 감각 신호를 처리하는 역할을 담당한다.

거짓말을 하는 데 뇌의 역할, 특히 지각 능력이 중요하다는 근거는 또 있다. 병적으
로 거짓말을 하는 사람(심각한 거짓말로 범죄를 저지른 사람 등)의 뇌를 확인해본 결

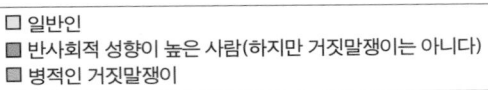

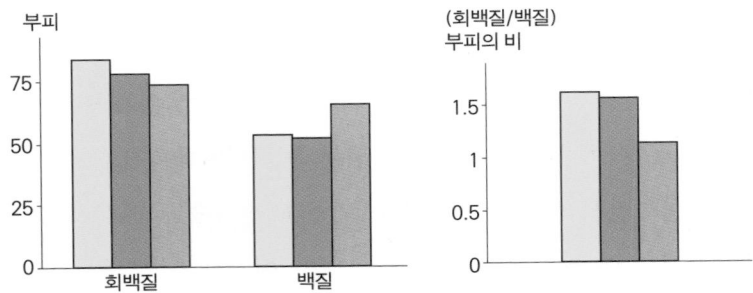

첫 번째 그래프에서 백질의 부피가 병적으로 거짓말을 하는 사람(회색 막대)의 경우 일반인(노란
색 막대)과 반사회적 성향이 높은 사람들(보라색 막대)의 경우 보다 훨씬 크게 나타났다. 회백질
의 부피도 근소하게 작게 나타났다. 두 번째 그래프는 회백질과 백질의 부피 비율을 나타낸 것인
데, 이 관점에서 좀 다르게 볼 수도 있다. 일반인이나 반사회적인 성향이 높은 사람들의 경우 백질
보다 회백질의 부피가 1.5배 정도 많은데, 병적으로 거짓말을 하는 사람들의 경우 회백질과 백질
의 부피가 비슷한 것이다(Yaling yang et al., 2005).

과, 평균적인 사람들의 뇌에 비해 백질의 비율이 22퍼센트가량 높았고, 회백질의 비율
은 14퍼센트 적은 것으로 나타났다. 회백질은 신경 세포의 세포체가 주로 모여 있는 곳
이고, 백질은 신경 세포에서 뻗어나온 돌기, 신경 다발이 모여 있는 곳이다. 즉 신경 세
포 간의 의사소통, 정보 전달이 주로 일어나는 곳은 백질이라고 볼 수 있다. 하지만 이
사실은 심각한 수준의 거짓말쟁이들을 살펴본 것이라 일반화하기에는 약간 무리가 있
긴 하다.

유인원 중에서는 침팬지가 거짓말을 한다는 사실이 알려져 있다. 맛있는 음식을 발
견했을 때 혼자서 독차지하려고 같은 무리의 동료에게 다른 방향에 먹이가 있다고 알
려주는 행동이 그것이다. 유인원 중에서는 이 같은 거짓말을 하는 종일수록 뇌의 크기
가 크다는 보고도 있다.

거짓말하지 말고 건강 찾자!

재민 | 어우 진짜? 나 지금 소름 돋았어. 근데 솔직히 일주일 동안 거
짓말 한 번도 안 하는 사람이 얼마나 있을까? 하루 동안이라면 거짓말
안 하는 날이 며칠은 있을 것 같은데. 나 얼마 전에 뉴스에서 본 건데,
선의의 거짓말을 모두 포함해서, 거짓말을 일주일 동안 한 번도 안 하
는 사람은 거의 없다던데? 솔직히 이제 와서 거짓말을 하나도 안 하겠
다고 신경 쓰고 노력하는 건 불가능하기도 하고 정신 건강에도 해로
울 것 같지 않냐. 거짓말로 나에게 이익이 되는지 따지지 않고, 남에게
피해를 주는 진짜 나쁜 거짓말만 안 하면 되는 거 아니야?

호준 | 아니. 난 동의하지 않아. 한 연구진이 실제로 노력해서 거짓말
을 줄일 수 있는지, 또 그렇게 하는 게 건강에 어떤 영향을 주는지 테

스트해봤대. 과학자들이 안 해본 게 없지? 큭큭. 아무튼 결과적으로, 선의의 거짓말을 포함해서, 노력으로 거짓말을 줄이는 것도 가능했고, 그렇게 의식적으로 거짓말을 줄여본 사람들이 정신 건강이나 실제 신체적인 건강 면에서 불편함이 줄어들었다고 했대. 근데 아까 그 문자 진짜 어머니셔?

재민 │ 와, 너 좀 집요한 데가 있다. 알고 있었지만.

호준 │ 거짓말 맞는 거 같은데? 솔직히 말해. 거짓말 안 하는 게 건강에도 좋다니까? 그리고 넌 날 때부터 거짓말 잘 못해. 내가 널 얼마나 잘 아는데. 푸흐흐.

• 거짓말을 절대 못하는 사람도 있을까? •

거짓말을 할 수 없는 사람도 있을까? 아스퍼거증후군과 자폐 증세가 있는 사람은 거짓말을 할 수 없다고 알려져왔다. 거짓말을 하려면, 나와 상대방이 각각 알고 있는 사실을 이해해야 한다. 하지만 아스퍼거증후군, 자폐 증세가 있는 사람들은 상대방이 나와 다른 생각을 가지고 있음을 짐작하고 이해하는 '마음의 이론'을 수행할 수 있는 능력이 떨어진다. 때문에 거짓말을 하는 것이 매우 어렵다는 것이다.

그런데, 꼭 그렇지만은 않다는 연구 결과도 있다. 실제로 어떤 상황에서 상대방을 어느 정도까지, 어떤 의도로 속이느냐에 따라 거짓말을 하는 데 요구되는 사고 능력에는 차이가 있기 때문이다.

자폐 증세가 있는 아이들과 정상 발달한 아이들을 대상으로 거짓말을 할 수 있는지 확인해본 연구에 따르면, 자폐 증세가 있는 아이들도 거짓말을 할 수 있었다고 한다.

이들이 관찰한 거짓말이란, 아이들이 별로 좋아하지 않는 비누를 선물로 주었을 때, 아이들의 반응을 보는 것이었다. 이 상황에서 자폐 증세가 있는 아이들도 그렇지 않은 아이들과 비슷한 정도로 무조건 마음에 든다며 고개를 끄덕이는 반응을 보였다.

갑자기 호준이가 재민이 손에서 핸드폰을 낚아챈다. 예상대로 방금 재민이가 받은 문자는 지영이가 보낸 거였다. 그런데……

호준 │ 하트……? 헐 이거 뭐야? 웬 하트……?

재민이는 아무 대답도 못하고 귀까지 빨개져버린다. 눈을 이리저리 굴리던 재민이는 아무 대답도 않더니 갑자기 집 방향으로 냅다 뛰어 도망가버리고 만다.

호준 │ 와, 이 거짓말쟁이!! 어떻게 된 거야! 너 내일 만나기만 해!!!

17장

영원히 기억하고 싶은 그 순간
추억

연애하는 너희, 싫어!

문이 열리는 소리가 들리자 호섭이가 기다렸다는 듯이 방문을 벌컥 열고 내다본다. 들어오는 사람이 호준이 혼자인 걸 확인하자 표정이 곧장 부루퉁해진다. 형에게 잘 다녀왔냐는 인사도 건네지 않고 방으로 다시 들어가버린다. 그런 호섭이를 보는 호준이도 황당하다는 표정이다.

호준 │ 다녀왔습니다.
엄마 │ 호준이 왔니? 요샌 재민이 안 온다? 집에서 밥 먹는대?

호준이는 한숨부터 쉰다.

호준 | 걔 요즘엔 축구도 매주 안 나와요. 아주 연애하느라고 빠져선…….

재민이는 일요일이면 호준이와 아침부터 축구를 하고 호준이네 집에 와서 점심을 먹는 때가 많았다. 그런데 요즘은 재민이가 통 오질 않는다. 지영이와 연애를 시작하더니 주말 업무가 아주 바쁜 모양이다. 그때 갑작스럽게 호섭이가 방문을 빼꼼 열고는 이렇게 외친다.

호섭 | 지영이 누나 싫어! 재민이 형도 실망이야!

고개를 절레절레 흔드는 호준이 앞에서 엄마는 웃음이 터지셨다. 심각한 호준이의 표정을 보곤 얼른 입을 가리며 주방으로 들어가버리신다.

재민이는 호준이와 아주 어렸을 때부터 친한 친구여서 호준이의 동생인 호섭이와도 가깝다. 호섭이와 잘 놀아주기도 하고, 공부하다 막히는 것이 있을 때 물어보면 호준이보다 설명을 더 쉽게 잘 해주는 편이라 호섭이가 잘 따랐다. 매주 일요일마다 집에 놀러오던 재민이가 통 얼굴을 보이지 않으니 호섭이가 많이 서운한 모양이다.

호준이는 호섭이 방에 살짝 들어가본다.

호준 | 호섭이 너 재민이 형 보고 싶어서 그래? 우리 호섭이 아직 애기네 애기야~
호섭 | 그게 아니라, 재민이 형이 원래 이번 주에 오기로 약속했었단

말이야.

　호준 ┃ 응? 너랑 약속했어?

　호섭 ┃ 어. 벌써 한 달 전에 한 약속이야. 형이 지난 번에 시험 끝나는 날짜 확인해보면서 오늘 꼭 온다고 했었어. 이것 봐, 내 달력에 이렇게 써놨잖아. 아, 형이 드론 빌려준다고 했는데! 애들한테 다 자랑해놨단 말이야. 근데 문자도 답장 안 해!!

　호섭이가 책상 위에 놓여 있던 달력을 호준이에게 보여준다. 정말 달력을 보니 재민이 글씨로 오늘 날짜에 "드론!"이라고 쓰여 있다.

　호섭 ┃ 어떻게 그렇게 까맣게 잊어버리지? 진짜 너무하다. 재민이 형 금붕어! 나 친구들한테 뭐라고 해.

　호준 ┃ 그러게, 너무한데? 형이 재민이한테 얘기할게. 걔 요즘 지영이 만난다고 아주 정신없어. 나나 우영이랑 한 약속도 맨날 까먹어. 근데 금붕어라는 건 뭔 소리야?

기억은 어떻게 만들어질까?

　호섭 ┃ 형 몰라? 금붕어 기억력이 3초라잖아. 돌아서면 잊어버리고, 돌아서면 잊어버리고.

　호준 ┃ 아~ 그 소리였구나. 너 그거 알아? 사람 기억력이라는 게 일정하지 않다는 거. 평생에 걸쳐서 특별히 더 기억에 많이 남는 시기가 따로 있대.

호섭 | 그런 말 처음 들어 봐. 천재들은 어려서부터 기억력 좋고 그런 거 아니야?

호준 | 음, 그거랑 좀 달라. 아, 먼저 기억이라는 게 뭔지부터 설명을 해야겠다. 호섭이 너, 기억이 뭐라고 생각해? 머릿속에 기억이 어떻게 저장되는지는 알아?

호섭 | 응. 맛있는 걸 먹거나 새로운 풍경을 보거나 하는 것처럼 새로운 경험을 하고 자극을 받게 되면 뇌 세포에도 그 자극이 전해지잖아. 그럼 그 자극에 반응하는 뇌 세포들이 활성화되는데, 단순히 세포 하나가 어떤 자극에 대해 반응하는 게 아니라 여러 개가 같이 반응한다고 알고 있어. 이렇게 특정한 일에 대해 같이 반응하는 세포들 간의 연결이 하나의 기억을 나타내게 된다고 할 수 있고. 이때 같은 자극을 여러 번 받으면 그 자극에 대응하는 세포들의 연결이 여러 번 활성화되면서, 연결 자체가 강해지고 더욱 강한 기억으로 남게 되지.

• 기억 인그램, 헵의 이론 •

기억은 뇌에서 어떻게 저장될까? 헵(Hebb)이라는 과학자는 오래전에 기억이 뇌를 구성하는 세포들 간의 연결로 저장된다고 생각했다. 특정 기억은 특정한 연결 구조로 남으며, 그 기억이 여러 번 활성화될수록 그 연결이 강해지고, 반대로 활성화되는 횟수가 적은 연결은 점점 쇠퇴된다는 게 헵의 이론이다.

기억이 저장되는 단위는 '인그램'이라는 개념으로 설명된다. 헵이 오래전 제안했던

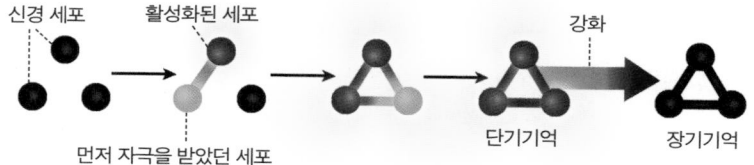

헵의 이론을 설명하는 그림. 여러 번 자극을 받고 활성화되는 신경 세포와 세포 간의 연결은 점점 강화되어 장기 기억으로 저장된다.

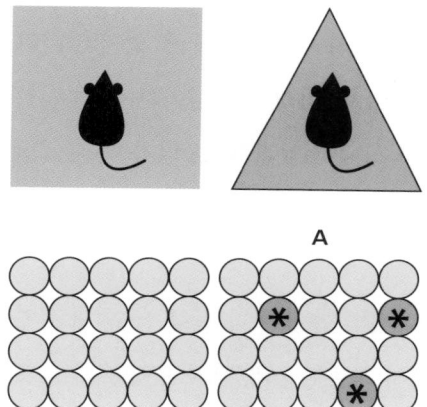

쥐의 뇌에서 기억을 저장하는 세포 단위 '인그램'을 표지한 뒤 기억을 조작해본 실험. 동그라미 각각이 기억을 저장할 수 있는 신경 세포들이다. 별(*)표시가 된 것은 해당 세포를 표지했다는 의미다. 첫 번째 경우는 초록색 상자, 두 번째 경우는 분홍색 세모 안에 쥐가 들어 있다. 이 그림은 두 가지 다른 환경에 쥐가 노출되었다는 의미이다. 두 경우에 아랫부분에 표시된 인그램에서 활성화된 세포(분홍색이 활성화된 신경 세포)가 다른 것을 볼 수 있다 (Steve Ramirez et al., 2014).

것과 유사하다. 특정 자극에 대해 반응하는 세포들의 집합과 그 연결이 바로 인그램이다. 요즘에는 특정 기억, 즉 특정 자극에 대해 반응하는 인그램을 추적하고 표지할 수도 있다. 이 기술을 이용해 기억을 조작하거나 삭제하고, 새로운 기억을 만들어내는 연구도 이뤄지고 있다.

호준 │ 어 맞아. 잘 알고 있네. 그런데 방금 네가 한 설명은 기억이 형성되고 저장되는 과정이지? 그 과정이랑 기억력이랑은 좀 다른 것 같지 않아? 기억력은 저장되어 있는 기억을 다시 꺼내서 내가 사용하는

거랑 관계있는 것 아닌가?

호섭┃어, 그렇네? 맞다 형. 기억을 꺼내오는 과정은 잘 모르겠어. 어떻게 달라?

호준┃보통 그 기억과 연관된 자극을 다시 받는 경우에 기억이 되살아나지. 이 경우는 외부에서 오는 자극에 의해 방금 네가 말했던 기억을 저장하고 있는 뇌 세포와 그 연결이 다시 활성화되면서 기억이 살아나는 거라고 볼 수 있어. 그리고 기억과 관련된 자극을 받지 않더라도, 내가 의지로 기억을 해낼 수도 있지. 머릿속에 어차피 아까 말한 세포들의 연결 형태로 기억이 다 저장되어 있잖아? 우리가 사진 앨범에서 특정한 사진을 골라 볼 수 있는 것처럼 어떤 기억을 내가 의지로 활성화시키는 거지.

그런데 이렇게 기억을 불러낼 때, 잘되는 경우가 있고 잘 안 되는 경우가 있어. 만약에 어떤 사진을 다시 찾아봤는데, 뭔가 초점도 안 맞고 흐리멍덩한 거야. 사진에 담긴 내용이 무엇인지 명확하게 알아볼 수 없고. 마찬가지로 기억도 뭔가 흐릿하고 잘 떠오르지 않는 게 있지? 여기엔 이유가 있어. 호섭아 사진이 흐리멍텅해서 내용을 명확하게 알아볼 수 없는 이유는 뭐가 있지?

호섭┃사진이 너무 오래돼서 빛이 바래면 그럴 수 있지. 아니면 애초에 초점을 제대로 못 맞추고 찍었거나.

호준┃맞아. 기억도 마찬가지야. 너무 오래되었는데, 그 사이에 다시 활성화된 적이 별로 없으면, 그 기억에 해당하는 세포와 연결이 좀 느슨해질 수 있겠지? 강화되지 않는다는 건 다른 것에 비해 약하다는 말도 되니까. 너무 현상한 지 오래되면 사진 빛이 바래는 거랑 같아. 그리고 두 번째 이유. 애초에 초점을 제대로 못 맞추면 사진이 흐릿한 것처럼 기억도 애초에 만들어질 때 별로 강하지 않았을 수 있어. 그럼 나중에 다시 떠올리기 어려울 뿐 아니라 애초에 금세 사라질 가능성도 높지.

호섭 ｜ 애초에 더 강하게 남는 기억이라는 건 사람마다 다 다르지 않아? 기억을 더 강하게 남길 수 있는 방법 같은 것도 알아 형?

호준 ｜ 기억을 더 강하게 남기는 방법은 네가 아까 설명한 기억이 만들어지는 과정 안에 답이 있어. 그 경험을 더 강하게, 반복적으로 하는 거지 뭐. 공부할 때를 생각해보자. 여러 번 반복해서 하고, 책을 읽기만 하는 게 아니라 읽으면서 머릿속으로 연상도 하고 쓰기도 하면 더 기억에 남지 않아? 하나의 내용에 대해 여러 종류의 자극, 그러니까 읽어서 발생하는 감각 자극, 머릿속으로 연상하면서 만드는 시각적인 자극 등등 다양한 종류의 자극을 가하면 기억이 더 강해져서 그렇겠지? 기억이 강하게 남으려면 이렇게 자극과 경험이 강하고 반복적이어야 해. 그렇기 때문에 사람마다 강하게 남는 기억은 다를 수밖에 없겠지. 그 강한 정도도 다를 거고.

그런데 재밌는 사실이 있어. 요즘은 백세시대라고 하잖아? 평생에 걸쳐서 기억에 더 많이 남는 시기는 모든 사람에게서 비슷하게 나타난다고 해.

평생에 걸쳐 생각나는 시간

—

호섭 │ 아, 진짜? 어린아이부터 100세 할아버지 할머니까지?

호준 │ 응. 언제게?

호섭 │ 어린아이부터면, 완전 아기일 때 기억인가?

호준 │ 아~ 하하. 내가 설명을 좀 덜 했구나. 답부터 얘기해줄게. 가장 많이 기억에 남는 시기는 10대 후반에서 20대 초반이라고 해. 그런데 어린아이들에게서도 기억에 많이 남는 시기라고 한 건, 사실 기억은 아니야. 어린아이들에게 네가 기억하는 어린 시절부터, 어른이 되었을 때까지 중에 가장 마음이 가는 시기를 골라서 짧은 글을 지어보라고 했더니 아이들이 가장 많이 지목해서 쓴 시기가 10대 후반에서 20

대 초반의 시기였대. 그러니까, 진짜 내가 경험한 것으로부터 온 '기억'이라고 하기보다 평생에 걸쳐서 가장 중요하게 기억에 남는 시기라고 하는 게 더 정확하려나?

신기하지 않아? 특정 몇 사람에게서만 나타나는 것도 아니고 모든 사람에게 있어서 10대 후반부터 20대 초반의 기억이 나이가 더 들었을 때 강하고 선명하게 잘 떠오른다는 게.

여기에 대해선 두 가지 이유가 그럴싸하다고 생각되는데, 하나는 그때 인생에서 첫 번째 경험을 많이 하기 때문이라는 거고 또 하나는 자아상을 확립하는 시기라서 그렇다는 거야. 둘 중에 뭐가 맞고 틀리고 한 건 아닌데, 두 번째 이유에 대해서는 좀 생각해볼 부분이 있는 것 같아. 자기 자신에 대한 이미지를 지키기 위해 뇌가 특정 기억을 좀 더 강하게 만들 수도 있다는 얘기거든. 아무튼 모든 사람에 대해서 특정 시기의 기억이 더 강하게 남는다는 건 진짜 재밌는 사실인 것 같아.

· 회고절정 ·

사람의 기억은 5세부터 남는다고들 한다. 0세부터 5세까지 있었던 일은 어른이 된 뒤에 기억에 거의 남지 않는다. 그럼 가장 많이 기억에 남는 시기는 언제일까?

나이가 든 뒤 과거를 회상해보면 대부분 10대 후반에서 20대 초반의 일이 가장 선명하게 기억에 남는다고 한다. 이 시기의 기억이 특별히 선명하게 자주 떠오르는 것을 '회고절정' 현상이라고 부른다.

이 시기에 생애 첫 경험을 하기 때문에 기억이 강렬하게 생성될 것이라는 의견도 있지만, 자아형성에 중요한 시기여서 더 기억에 남는 것이라는 의견도 있다. 인간은 나이

기억이 거의 남지 않는 5세 미만의 어린 시절 — 회고 절정 시기 — 최근

지속적으로 떠오르게 되는
기억의 수

기억이 형성되는 나이

가 들어가면서 자신이 믿고 있는 자아상에 부합하는 행동과 말을 하려고 더욱 노력하게 된다. 그렇지 않으면 뇌가 인식하고 있는 나의 모습과 실제 관찰하는 나의 모습 사이에 괴리가 생긴다. 인간 사회에서는 스스로에 대한 자아상이 형성되는 시기가 10대 후반에서 20대 초반이고, 이 시기에 했던 경험들이 내가 믿고 있는 자아상과 부합하는 경우가 많아 점점 강한 기억으로 남게 된다고 한다.

호섭 | 오, 어느 정도 공감이 돼. 나도 그렇고 내 친구들도 그렇고 다들 스무 살이 되었을 때에 대해 생각 많이 하는 것 같아. 그리고 방금 생각난 건데, 우리 할머니 댁 가면 할머니가 "내가 스무 살 적엔~", 이 말 진짜 많이 하시잖아. 큭큭. 이게 뇌가 시킨 말이었다니. 진짜 놀랍다!

마치는 글

/

거의 모든 일에서 그렇겠지만, 항상 시작할 때보다 마무리할 때가 되면 그 일에 대한 확신이나 만족감이 떨어지는 것 같습니다. 학교에서 공부를 할 때도 그랬고, 여행을 다닐 때도 그랬던 것 같습니다.

처음 낯선 여행지에 도착하면, 작은 것 하나하나가 새롭고 신기합니다. 그것들을 만나는 즐거움에 다른 생각이나 두려움, 피로감은 쉽게 압도되고 말지요. 공부할 때도 마찬가지입니다. 처음에는 흥미와 호기심으로 가득 차서 이것저것 찾아보고 배우는 데 끝없는 재미를 느끼지요. 흥미와 재미에 압도되어서 다른 생각을 할 겨를도 없습니다. 그러다 어느 순간이 지나면, 그러니까 어느 정도 깊고 넓게 알게 되고 나면 마음이 좀 달라집니다. 아직 더 알아가야 할 것. 즉 지금 모르는 것에 대해 더 많이 의식하게 됩니다. 며칠 동안 여행을 하고 돌아갈 날이 다가오면, 새로이 만나는 작은 것들보다 아쉬운 점들이 자꾸만 눈에 들어오는 것도 마찬가지입니다. 조금만 더, 하나만 더 하는 마음인 거지요. 완전히 무지할 때보다 조금이라도 뭔가 알고 있는 상태에서 내 한계점, 또 내가 배워야 할 사람이 자꾸만 더 눈에 들어오게 되는 것이라고 생각합니다.

이 책의 〈시작하는 글〉을 쓰고, 정리하는 동안에도 마찬가지였습니다. 어느 정도 글이 완성되고, 그 글을 다듬고 정리하는 단계가 되자 이야기를 하는 즐거움보다 아쉽고 부족해 보이는 점이 자꾸만 보이기 시작했습니다. 네, 맞습니다. 이 책을 읽어주실 분들에게 하나라도 더 많은 얘기를 전하고 싶은 제 욕심이 점점 커진 거지요. 하지만 책의 분량도, 또 저에게 주어진 시간에도 한계가 있다 보니 욕심껏 이야기를 하진 못했습니다(사실 지금의 욕심을 다 채울 만큼 글을 채우고 다듬으면, 그때 새로운 욕심이 또 생길 것도 잘 알고요. 하핫). 좀 더 깊이 있고 다양한 과학적 사실을 다루지 못한 것, 또 더 재미있게 풀어내지 못한 것이 아쉽기도 합니다.

하지만 이 책을 처음 기획할 때 의도했던 바와 같이 보다 많은 분들이 '사회성'이라는 것에 대해 한 번쯤 생각해보실 수 있는 기회를 얻으셨다면 저는 그것으로 매우 행복합니다. 반걸음 정도 나아가 '마음'과 '뇌', 그리고 우리가 '과학'이라고 부르는 것을 연결 지어볼 수 있는 기회를 이 책이 마련했다면 저는 말할 수 없이 기쁘고 자랑스러울 것입니다. 이 책을 보신 여러분이 어떤 지식 한 토막보다도, 제가 글을 쓰면서 느꼈던 것과 같은 아쉬움, 더 알고 싶고, 더 깊이 만나고 싶은 마음 한 조각을 가지게 되셨기를 진심으로 바라봅니다. 이런 생각을 하며 부족하고 아쉬운 이 책을 다시 바라보니, 오히려 잘되었다는 생각도 듭니다(웃음). 그리고 부족하고 아쉬운 만큼 다시 여러분과 이야기할 기회가 늘어나지 않을까요?!

많은 분들이 이 책에 실린 이야기를 보며 '공감'하셨기를. 그래서 제가 또 다른 이야기로 여러분을 다시 기쁘게 만날 수 있게 되기를 바라봅니다. 저는 말 잘하는 사람보다 이야기를 잘 듣는 사람이 더 위대하다고 생각합니다. 마찬가지로, 글을 잘 쓰는 사람보다 누군가의 이야기를 잘 읽는 사람이 더 위대하다고 생각합니다. 저는 이 책 한 권으로 '잘 쓴 글'의 주인이 되고 싶지 않습니다. 더 많은 분들이 '잘 읽은 글'의 주인이 되었으면 좋겠습니다. 또한 이 책이 여러분이 평소에 듣고 싶었던 이야기를 어느 정도 들려드렸기를. 그래서 '이야기를 잘한 사람'보다, '여러분의 이야기를 잘 들어준 사람'으로 느껴졌기를 바랍니다.

마지막으로, 이 자리를 빌어 제가 여러분과 이야기할 수 있는 기회를 주신 분들께 많이 감사드립니다. 정재승 교수님과 궁리출판의 변효현 팀장님, 그리고 '사회성'이라는 주제에 대해 더 애정을 갖게 도와주셨던 최일환 박사님께 감사를 전합니다. 이 책을 들뜬 마음으로 함께 기다려주셨던 가족과 친구들에게도 고맙다는 말을 전합니다. 이 모든 분들이 저에게 들려준 이야기가 있었기에 저 또한 독자 여러분들께 이야기를 들려드릴 수 있었습니다.

세상의 이야기를 더 많이 읽고, 더 귀담아 들으며 저는 더 좋은 이야기를 나눌 준비를 하겠습니다. 독자 여러분의 일상에서 호준이, 호섭이와 재민이, 지영이 그리고 우영이와 함께. 다시 만나요, 우리.

2017년 겨울

박솔

참고문헌

· · ·

0장 · 함께 사는 우리 '사회적 동물'
· Dawkins, R., The Descent of Edward Wilson. Book review of 'The Social Conquest of Earth' by Edward O. Wilson", Prospect, 2012.
· Gintis, H., Clash of the Titans. Book review of "The Social Conquest of Earth' by Edward O. Wilson", BioScience, 2012.
· Nowak, M. A., Tarnita, C. E. and Wilson, E. O., The Evolution of eusociality, Nature, 2010.
· Shultz, S. et al., Stepwise evolution of stable sociality in primates, Nature, 2011.
· van der Post, D. J. et al., The Evolution of Different Forms of Sociality: Behavioral Mechanisms and Eco-Evolutionary Feedback, PLOS ONE, 2015.
· Wilson, E. O. and Hölldobler., B., Eusociality: Origin and consequences, PNAS, 2005.
· Wilson, E. O., The Social Conquest of the Earth, Liveright, 2012.

1장 · 내 가족을 알아보는 뇌, 내 가족을 알아보는 뇌 '혈연 선택'
· Alcock, J., Animal Behavior, Sinauer, 2009.

2장 · 양심은 사실 머릿속에 있다? '도덕성'
· Brosnan, S. F. et al., Monkeys reject unequal pay, Nature, 2003.
· Koenings, M. et al., Damage to the prefrontal cortex increases utilitarian moral judgements, Nature, 2007.
· Kroll, Y., Davidovitz, L., Inequality Aversion versus Risk Aversion, Economia, 2003.
· Mendez, M. F., The neurobiology of moral behavior: review and neuropsychiatric implications, CNS Spectrums, 2009.
· Pascual, L. et al., How does morality work in the brain? A functional structural perspective of moral behavior, frontiers in integrative neuroscience, 2013.
· Tricomi, E. et al., Neural evidence for inequality-aversive social preferences, Nature, 2010.

3장 · 내가 분노하는 이유 '폭력성, 화'
· Falkner, A. L. and Lin., D., Recent advances in understanding the role of the hypothalamic

circuit during aggression, frontiers in systems neuroscience, 2014.

· Mogenson, G. J. et al., From motivation to action: functional interface between the limbic system and the motor system, progress in neurophysiology, 1980.

· Lin, D. et al., Functional identification of an aggression locus in the mouse hypothalamus, Nature, 2011.

· Waller, G. et al., Anger and Core Beliefs in the eating disorders, international journal of eating disorders, 2002.

· Passamonti, L. et al., Effects of acute tryptophan depletion on prefrontal-amygdala connectivity while viewing facial signals of aggression, Biological Psychiatry, 2011.

4장 · 아낌없이 주는 마음 '이타심'

· Bartal, I. B-A. et al., Empathy and Pro-Social Behavior in Rats, Science, 2011.

· D. W. Pfaff with S. Sherman, The altruistic brain – how we are naturally good, Oxford university press, 2015.

· Sato, N. et al., Rats demonstrate helping behavior toward a soaked conspecific, Animal Cognition, 2015.

· Trettenbrein, P. C., Neuroscience and human nature: Review of The Altruistic Brain, Frointiers in psychology, 2015.

5장 · 가는 정이 있어야 오는 정도 있다 '호혜관계'

· de Waal, F. B. M., Attitudinal reciprocity in food sharing among brown capuchin monkeys, Animal behavior, 2000.

· Gomes, C. M. et al., Long-term reciprocation of grooming in wild west african chimpanzees, Proceedings of the royal society B, 2009.

· gomes, C. M., Boesch, C., Reciprocity and trades in wild west African chimpanzees, Behav Ecol Sociobiol, 2011.

· Hauser, Mare D. et al., Give unto others: genetically unrelated cotton-top tamarin monkeys preferentially give food to those who altruistically give food back, The royal society, 2003.

· Jaeggi, A. V. et al., Mechanisms of reciprocity in primates: testing for short-term contingency of grooming and food sharing in bonobos and chimpanzees, Evolution and human behavior, 2013.

· Phan, K. L. et al., Reputation for reciprocity engages the brain reward center, PNAS, 2010.

· Trivers, R. L., The Evolution of reciprocal altruism, Chicago journals, 2012.

· van den Bos, W. et al., What motivates repayment? Neural correlates of reciprocity in the Trust Game, Social cognitive and affective neuroscience, 2009.

6장 · 내 말문을 막히게 하는 그녀 '언어와 의사소통'

· Cognitive neuroscience, the biology of the mind 4e, 2014.

7장 · 뇌는 부끄럼쟁이~ '사회적 감정 ① 수치심'

· turm, V. E. Set al., Role of right pregenual anterior cingulate cortex in self-conscious emotional reactivity, SCAN, 2013.
· Whittle, S. et al., Neurodevelopmental correlates of proneness to guilt and shame in adolescence and early adulthood, Developmental cognitive neuroscience, 2016.

8장 · 뇌에도 눈이 달렸나? '얼굴을 알아보는 뇌'

· Duchaine, B. C. and Weidenfeld, A., An evaluation of two commonly used tests of unfamiliar face recognition, neuropsychologia, 2003.
· Ekman, P., Darwin, Deception, and Facial Expression, annals of new York academy of sciences, 2003.
· Haxby, J. V. et al., Human neural systems for face recognition and social communication, Society of biological psychiatry, 2002.
· Haxby, J. V. et al., The distributed human neural system for face perception, Trends in cognitive sciences, 2000.

9장 · 세상 모든 드라마가 꼭 내 얘기만 같아 '공감'

· Chismar, D., Empathy and sympathy: The important difference, The journal of Value Inquiry, 1988.
· Kim, S. et al., Lateralization of observational fear learning at the cortical but not thalamic level in mice, PNAS, 2012.
· Nummenmaa, L. et al., Is emotional contagion special? An fMRI study on neural systems for affective and cognitive empathy, Neuroimage, 2008.
· O'Connell, S. M., Empathy in chimpanzees: evidence for theory of mind? primates, 1995.
· Shamay-Tsoory, S. G., The Neural Bases for Empathy, The Neuroscientists, 2011.
· Shamay-Tsoory, Simone G. et al., Two systems for empathy: a double dissociation between emotional and cognitive empathy in inferior frontal gyrus versus ventromedial prefrontal lesions, Brain, 2009.
· X. Xu et al., Do you feel my pain? Racial group membership modulates empathic neural responses, The journal of neuroscience, 2009.

10장 · 답은 정해져 있다?! '편견과 고정관념'

· Amodio, David M., The neuroscience of prejudice and stereotyping, Nature, 2014.

11장 · 두려움은 옮는다 '감정의 전이'

· Iacoboni, M., Imitation, Empathy, and Mirror Neurons, Annu. Rev. Psychology, 2009.
· Kramer, A. D. I. et al., Experimental evidence of massive-scale emotional contagion through social networks, PNAS.
· Nagasawa, M. et al., Oxitycon-gaze positive loop and the coevolution of human-dog bonds, science, 2015.
· Nummenmaa, L. et al., Is emotional contagion special? An fMRI study on neural system for affective and cognitive empathy, Neuroimage, 2008.
· Shamay-Tsoory, S. G., The neural bases for empathy, The Neuroscientist, 2011.

12장 · 그것 참 좋아 보이는군 '사회적 학습, 따라하기'

· Allen, J. et al., Network-based diffusion analysis reveals cultural transmission of lobtail feeding in humpback whales, Science, 2013.
· Galef JR., B. G. and Laland, K. N., Social learning in animals: empirical studies and theoretical models, bioscience, 2005.
· Hirata, S. et al., "Sweet-Potato Washing" Revisited, Primate origins of human cognition and behavior, 2001.
· Rendell, L. et al., Why copy others? Insights from the social learning strategies tournament, science, 2010.
· van de Wall, E. et al., Potent social learning and conformity shape a wild primate's foraging decisions, science, 2013.

13장 · 녹색 눈의 괴물 '사회적 감정 ② 질투심'

· Shamay-Tsoory, S. G. et al., The green-eyed monster and malicious joy: the neuroanatomical bases of envy and gloating (scadenfreude), Brain, 2007.
· Takahashi, H. et al., When your gain is my pain and your pain is my gain: neural correlates of envy and scadenfreude, science, 2009.

14장 · 말하지 않아도 알아요 '마음의 이론'

· Call, J. and Tomasello, M., Does the chimpanzee have a theory of mind? 30 years alter, Trends in Cognitive Sciences, 2008.
· Call, J., Theory of Mind in Animals, Encyclopedia of the Sciences of Learning, 2012.

· Mars, R. B. et al., Connectivity profiles reveal the relationship between brain areas for social cognition in human and monkey temporoparietal cortex, PNAS, 2013.
· Mars, R. B. et al., Connectivity profiles reveal the relationship btween brain areas for social cognition in human and monkey temporoparietal cortex, PNAS, 2013.
· Premack, D. and Woodruff, G., Does the chimpanzee have a theory of mind?, Behavioral and Brain Sciences, 1978.
· Russell, T. A. et al., Sex differences in theory of mind: A male advantage on Happé's "cartoon" task, Cognition and emotion, 2007.

15장 · 사랑에 빠진 뇌 '사회적 감정 ③ 사랑'
· Acevedo, B. P. et al., Neural correlates of long-term intense romantic love, SCAN, 2012.
· Bartels, A. and Zeki, S., The neural basis of romantic love, neuroreport, 2000.
· Diamond, L. M., Emerging perspectives on distinctions between romantic love and sexual desire, current directions in psychological science, 2004.

16장 · 내 안의 피노키오 '거짓말'
· Brinke, L. t. et al., Some evidence for unconscious lie detection, aps psychological science, 2014.
· Garrett, N. et al., The brain adapts to dishonesty, nature neuroscience, 2016.
· Kelly, A. E. and Wang, L., A life without lies: can living more honestly improve health? American Psychological Association 2012 annual convention.
· Li, A. S. et al., Exploring the ability to deceive in children with autism spectrum disorders, J Autism Dev Disord, 2011.
· yang Y., et al., Prefrontal white matter in pathological liars, british journal of psychiatry, 2005.

17장 · 영원히 기억하고 싶은 그 순간 '추억'
· Bohn, A. and Bernsten, D., The reminiscence bump reconsidered: children's prospective life stories show a bump in young adulthood, aps psychological science, 2011.
· Rathbone, C. J. et al., Self-centered memories: the reminiscence bump and the self, Memory & Cognition, 2008.

도판출처

· · ·

16쪽 ⓒ 조혜영 / 18쪽 좌 ⓒ Bernard DUPONT, 우 ⓒ Sam Stearman / 24쪽 ⓒ Brian Voon Yee Yap / 34쪽 ⓒ 조혜영 / 38쪽 ⓒ Yathin sk / 40쪽 ⓒ Liam Quinn / 48쪽 ⓒ 조혜영 / 54쪽 ⓒ 조혜영 / 61쪽 ⓒ 조혜영 / 65쪽 ⓒ New Jersey Birds / 67쪽 아래 ⓒ OpenStax College / 73쪽 ⓒ 조혜영 / 77쪽 ⓒ 조혜영 / 79-81쪽 ⓒ mi / 90쪽 ⓒ Craig hamnett / 95쪽 ⓒ Nhobgood / 104쪽 ⓒ 조혜영 / 107쪽 ⓒ pixabay.com / 119쪽 ⓒ 조혜영 / 130쪽 ⓒ 조혜영 / 136쪽 ⓒ mi / 141쪽 ⓒ Gord Fynes / 147쪽 ⓒ 조혜영 / 153쪽 ⓒ mi / 161쪽 ⓒ 조혜영 / 164-165쪽 ⓒ mi / 171쪽 ⓒ bhj / 177쪽 ⓒ 조혜영 / 182쪽 ⓒ 조혜영/ 186쪽 ⓒ see Source / 195쪽 ⓒ 조혜영 / 198쪽 ⓒ 조혜영 / 201쪽 ⓒ 조혜영 / 204쪽 ⓒ Whit Welles Wwelles14 / 211쪽 ⓒ 조혜영 / 224쪽 ⓒ 조혜영 / 230쪽 ⓒ Sransom2 / 231쪽 ⓒ Fschwarzentruber / 238쪽 ⓒ 7-princefrog / 241쪽 ⓒ 조혜영 / 249쪽 ⓒ 조혜영 / 263쪽 ⓒ mi / 266쪽 ⓒ 조혜영

찾아보기

· · ·

뇌과학으로
사회성 기르기

1판 1쇄 펴냄 2017년 12월 15일
1판 5쇄 펴냄 2024년 5월 10일

지은이 박솔

주간 김현숙 | **편집** 김주희, 이나연
디자인 이현정, 전미혜
마케팅 백국현(제작), 문윤기 | **관리** 오유나

펴낸곳 궁리출판 | **펴낸이** 이갑수

등록 1999년 3월 29일 제300-2004-162호
주소 10881 경기도 파주시 회동길 325-12
전화 031-955-9818 | **팩스** 031-955-9848
홈페이지 www.kungree.com
전자우편 kungree@kungree.com
페이스북 /kungreepress | **트위터** @kungreepress
인스타그램 /kungree_pressss

ISBN 978-89-5820-494-7   03400

값 16,800원

이 책은 한국출판문화산업진흥원의 2017년 〈우수 출판콘텐츠 제작 지원〉 사업
선정작입니다.